国家"双高计划"建设院校
人工智能技术应用专业群课程改革系列教材

> 本书是"智能工厂"系列教材之一，是国家"双高计划"建设院校人工智能技术应用专业群课程改革成果。

工业网络组建与维护

主　　编　　何雅琴　　陈　俊
副主编　　金佳雷　　周汉清　　顾理军
参　　编　　杨代飞　　王福章　　王云良
　　　　　　庄岳辉　　黄　亮
主　　审　　顾卫杰

北京理工大学出版社
BEIJING INSTITUTE OF TECHNOLOGY PRESS

内容简介

本书采用项目式教学模式，以工业网络组建为主线，注重理论与实践的紧密结合，设计了 5 个项目：走进工业互联网、认知网络体系架构及协议、工业网络技术基础、工业网络组建和工业网络维护。教学内容融入了 1+X 证书"工业互联网实施与运维"职业技能等级标准的相关技能考核点，以满足课证融合、项目引导、教学一体化的需求。

本书配套微课视频、电子教案、授课用 PPT、单元测评以及题库等丰富的数字化学习资源。与本书配套的数字课程将在"智慧职教（www.icve.com.cn）"网站上线，学习者可以登录网站进行学习，也可以通过扫描书中二维码观看教学视频。

本书适合各级院校工业互联网、物联网、工业网络技术等相关专业学生作为教材使用，同时也可作为工业互联网网络设计工程师、工业互联网实施与运维技术人员的自学参考书。

版权专有　侵权必究

图书在版编目（CIP）数据

工业网络组建与维护／何雅琴，陈俊主编． －－北京：北京理工大学出版社，2022.4(2022.5 重印)

ISBN 978－7－5763－1273－7

Ⅰ．①工… Ⅱ．①何… ②陈… Ⅲ．①工业控制计算机－计算机网络 Ⅳ．①TP273

中国版本图书馆 CIP 数据核字（2022）第 066895 号

出版发行 ／	北京理工大学出版社有限责任公司
社　　址 ／	北京市海淀区中关村南大街 5 号
邮　　编 ／	100081
电　　话 ／	(010) 68914775（总编室）
	(010) 82562903（教材售后服务热线）
	(010) 68944723（其他图书服务热线）
网　　址 ／	http://www.bitpress.com.cn
经　　销 ／	全国各地新华书店
印　　刷 ／	三河市龙大印装有限公司
开　　本 ／	787 毫米 × 1092 毫米　1/16
印　　张 ／	16.25
字　　数 ／	365 千字
版　　次 ／	2022 年 4 月第 1 版　2022 年 5 月第 2 次印刷
定　　价 ／	46.00 元

责任编辑／王玲玲
文案编辑／王玲玲
责任校对／刘亚男
责任印制／施胜娟

图书出现印装质量问题，请拨打售后服务热线，本社负责调换

前言

自 2017 年 11 月《国务院关于深化"互联网+先进制造业"发展工业互联网的指导意见》印发以来，工业互联网正式上升为国家战略，并迅速从概念普及进入实践深耕阶段。2020 年 2 月，人力资源社会保障部、市场监管总局、统计局联合制定了"工业互联网工程技术人员"职业，定义其为"围绕工业互联网网络、平台、安全三大体系，在网络互联、标识解析、平台建设、数据服务、应用开发、安全防护等领域，从事规划设计、技术研发、测试验证、工程实施、运营管理和运维服务等工作的工程技术人员"。工业互联网工程技术人员成为新职业，这是国家层面对工业互联网工程技术从业人员的肯定，对工业互联网推广和行业人才的选拔与培养发展意义重大。江苏省先后出台《关于深化"互联网+先进制造业"发展工业互联网的实施意见》《落实工业互联网 APP 培育工程实施方案（2018—2020 年）推进计划的通知》等相关政策，提出要"加大人才支撑"，"加快复合型人才的培养和输出"。

本书是为了落实《国家职业教育改革实施方案》，面向智能制造和工业互联网领域对技能型人才的迫切需求，配合高等职业院校的课程建设和人才培养工作，与产业学院合作开发的新形态一体化教材。在本书编写过程中，依据"工业互联网实施与运维"岗位的职业能力需求，依托于北京华晟经世信息技术有限公司联合完成。以企业项目为载体，在内容组织中，采用了项目引领、任务驱动的方式，将职业能力、职业素养和工匠精神融入教材设计思路，任务围绕企业项目展开，在传统网络组建的基础上，将工业融入互联网，紧跟时代步伐。

本书内容的编排以基础性和实践性为重点，采用项目引导、任务驱动的教学方法，从学生认知规律的角度将教学内容分为五大项目，包括走进工业互联网、认知网络体系架构及协议、工业网络技术基础、工业网络组建和工业网络维护。在内容选取上，注重基础性、系统性、先进性和实用性，理论联系实际，努力紧跟行业新技术步伐，赋能工业互联网人才培养。本书的特色如下：

1. 本书按照教育部"一体化设计、结构化课程、颗粒化资源"的理念进行设计，系统规划教材结构体系。融入了 1+X 证书"工业互联网实施与运维"职业技能等级标准的相关技能考核点，以满足课证融合、项目引导、教学一体化的教学需求。

2. 本书与产业学院合作开发，项目来源于企业，最终服务于企业，形成闭环，提高了学生的实战水平和综合运用知识的能力。

3. 本书融合了数字化资源和思政要素。本书配套数字课程、微课视频、课程标准、授课计划、电子教案、电子课件（PPT）以及题库等一体化学习资源。同时，教材中每个项目设定德育目标，采用案例渗透法、引伸提炼法、专题嵌入法等，实现思政教育与专业教育的有机融合，发挥课程协同育人功效。

本书既可以作为各级院校工业互联网、物联网、工业网络技术等相关专业的教学用书，也可作为工业网络技术培训或工业互联网实施与运维技术人员的自学参考书。

本书建议授课64学时，教学参考学时分配见下表。

序号	内容	分配学时建议	
		理论	实践
1	项目一 走进工业互联网	10	2
2	项目二 认知网络体系架构及协议	6	
3	项目三 工业网络技术基础	8	2
4	项目四 工业网络组建	24	8
5	项目五 工业网络维护	4	
合计		64	

本书由何雅琴、陈俊担任主编，金佳雷、周汉清、顾理军担任副主编，参加本书编写工作的还有常州机电职业技术学院的王云良、北京华晟经世信息技术有限公司的杨代飞、王福章、江苏大备智能科技有限公司的庄岳辉、江苏童韵教育科技有限公司的黄亮。全书由常州机电职业技术学院顾卫杰主审。在本书的编写过程中，北京华晟经世信息技术有限公司提供了许多宝贵的建议和意见，给予编写工作大力支持及指导，在此郑重致谢！

由于技术发展日新月异，加之编者水平有限，书中难免有不当之处，敬请广大读者批评指正。

编 者

目 录

项目一 走进工业互联网 ... 1
- 任务1 认知工业互联网 ... 2
- 任务2 认知工业网络应用 ... 17
- 任务3 认知计算机网络 ... 29

项目二 认知网络体系架构及协议 ... 46
- 任务1 认知计算机网络体系结构 ... 47
- 任务2 设备通信协议解析 ... 67

项目三 工业网络技术基础 ... 77
- 任务1 认知工业传输介质及接口 ... 78
- 任务2 认知工业数据通信方式 ... 96
- 任务3 认知工业网络分类 ... 102
- 任务4 认知工业感知技术 ... 110

项目四 工业网络组建 ... 121
- 任务1 工业网络组建实例 ... 122
- 任务2 认知常见工业网络设备 ... 133
- 任务3 IP地址解析与实践 ... 155
- 任务4 交换技术实践 ... 169
- 任务5 路由技术实践 ... 200
- 任务6 WLAN网络组建实践 ... 223

项目五 工业网络维护 ... 238
- 任务1 计算机系统常见故障解析 ... 238
- 任务2 工业网络常见故障解析 ... 242

项目一

走进工业互联网

项目引入

信息时代的大学生,大多数已经具备一些基础网络的实际操作能力,但对于企业来讲,这些知识是远远不够的。在当下,计算机和网络课程已经成为几乎所有专业的必修课,作为互联网相关专业的学生,更应该精通计算机网络的原理和应用,才能在专业领域有所建树。本项目以理论知识为主,依托传统互联网技术的相关知识(如计算机网络的发展历程、定义、种类、功能和典型拓扑结构),通过传统互联网的项目实践,逐步引入工业互联网的概念、意义和应用场景。

知识图谱

项目一知识图谱如图1-1所示。

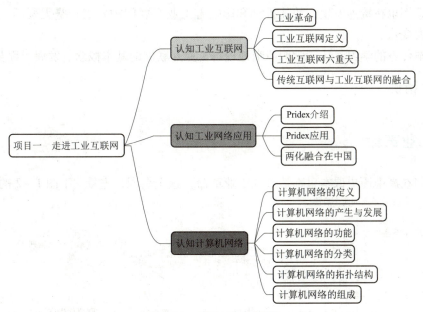

图1-1 项目一知识图谱

任务1　认知工业互联网

学习目标

知识目标	能力目标	素质目标
◇ 了解工业互联网的发展历程 ◇ 理解工业互联网的定义 ◇ 理解工业互联网的特点	◇ 能够区分传统互联网、物联网、工业物联网和工业互联网 ◇ 通过对传统互联网的理解，举一反三，了解工业互联网的定义，了解其特点	◇ 科技发展是把"双刃剑"，中国发明了火药，却被侵略者用来挑起战争。所以，一定要坚守道德底线，才能为人类谋取福利

任务分析

工业互联网被许多人称为下一次工业革命，工业将最大限度地从这次技术革命中获益。随着技术以前所未有的速度不断发展，工业互联网已经成为可预见的未来，然而工业互联网的建设并不能一蹴而就，其实也是在漫长的演进中成型的。在过去的几年中，工业互联网的基础已经逐步落实，包括工业连接、高级分析、基于条件的监控、预测维护、机器学习和增强现实等，世界上许多国家和企业都在大力投资工业互联网，相关创新企业不断出现，并购案例也在接连发生，快速推动和影响着工业互联网的发展。毫无疑问，工业世界将发生巨大变化。

通过本任务的学习，让同学们清晰地理解工业互联网的基本概念、发展历程及其特点。

知识精讲

1.1　工业革命

同学们在高中历史课本里都学过"工业革命"这个名词，先看一下图1-2的描述。

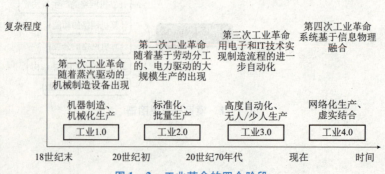

图1-2　工业革命的四个阶段

1. 工业 1.0

机械化，以蒸汽机为标志，用蒸汽动力驱动机器取代人力，从此手工业从农业中分离出来，正式进化为工业。

2. 工业 2.0

电气化，以电力的广泛应用为标志，用电力驱动机器取代蒸汽动力，从此零部件生产与产品装配实现分工，工业进入大规模生产时代。

3. 工业 3.0

自动化，以PLC（可编程逻辑控制器）和PC的应用为标志，从此机器不但接管了人的大部分体力劳动，同时也接管了一部分脑力劳动，工业生产能力也自此超越了人类的消费能力，人类进入了产能过剩时代。

目前，我们就处在工业3.X的时代，也就是3.0中后期，这种状态叫作完全自动化和部分信息化。

4. 工业 4.0

工业4.0似乎不太容易解释，那么就从工厂的业务模式说起。

作为一个工厂，存在的目的只有两个：生产产品，然后卖出去。所以，在工业企业中，通常会分为两个大的部门：一个是生产部门，一个是业务部门，前者通过MES（制造执行系统）管理，后者通过ERP（管理信息系统）管理。

那么这两个系统什么区别呢？如图1-3所示。

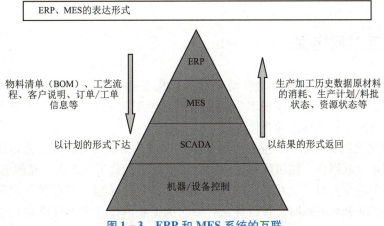

图 1-3　ERP 和 MES 系统的互联

ERP更倾向于财务信息的管理，而MES更倾向于生产过程的控制，简单地说，ERP主要告诉你客户需要生产多少个瓶子，哪天下单，哪天要货，而MES主要负责监控和管理生产这些瓶子的每一个步骤和工序如何实现。

在中国工厂的很多车间里，各个生产设备之间、生产设备和控制器之间都基本实现了连通。再好一点的公司里，整个工厂已经通过制造执行系统（MES）连通起来，而业务部门全部通过ERP连通起来了。

发现问题了吗？ERP和MES之间其实并没有连起来。导致MES不知道ERP要什么、要多少，ERP不知道MES能生产什么、能产多少、何时能交付。

这里有两只"狼"：一个叫产能过剩，一个叫互联网。

全球性的产能过剩，导致企业的竞争越来越激烈，所有企业都在争相推出新的产品。例如锤子科技的手机仅仅推迟上线数月，就从万众期待变成了严重同质化的产品，现在的产品生命周期已大大缩短。

互联网时代的到来，撼动了工业时代的一大基础，使得信息不对称。工业时代里，因为生产厂家无法低成本地了解每一个客户的需求，所以往往采用一刀切的方法，就是把需求最多的性能组合到一起，成为一款产品。比如，你想要一双适合你的脚的鞋子，鞋厂是无法知道你的脚多大的，所以只能测量很多人的脚之后，把最集中的尺码分成 40 号、41 号、42 号等，但是如果你的脚偏肥或偏瘦，那么就没有办法了。

互联网改变了这个局面，人与人、人与厂商，可以低成本地实现连接，从而让每个人的个性需求被放大，人们越来越喜欢个性化的产品。但是个性化的产品的需求量没有那么大，这就需要工业企业能够实现小批量的快速生产。

这两只"狼"逼迫着传统工业必须做一件事，一件工业社会最不爱做的事，就是快速、小批量、定制化地生产。

这时先得做点准备工作，就是工业 3.0 首先要进化为 3.X。所谓工业 3.X，其实就是先把 ERP 和 MES 等信息系统彻底打通，让工厂原本的所有信息孤岛实现连通。这个时候，就从完全的自动化和部分的信息化，进入了完全的自动化和完全的信息化，也就是工业 3.0 大圆满阶段。

前面的都是现实问题，工业 3.0 大圆满之后，就要开始科幻烧脑之旅了，终于要冲击工业 4.0 了。

1.2　工业互联网定义

工业 3.0 大圆满之后，完全的自动化和信息化要做一件事，通俗一点讲，就是结婚，生孩子。而孩子的名字，德国称之为工业 4.0，美国称之为工业互联网，我国工信部称之为两化融合。

工业革命的发展、
工业互联网定义、
工业互联网六重天

2020 年到来之后，国家和产业各界的众多工作均是围绕疫情防控和稳定经济增长展开的，其中，工业互联网在一线医院、企业安全战"疫"和复工复产方面提供了很大的助力，因此，越来越多的企业对工业互联网的重视程度似乎更胜从前。在互联网应用不断地渗透到更为复杂的工业领域的同时，各行各业对第四次工业革命（智能化革命）也有了迫切的需求，进入产业运行过程中，成为提高生产效率、产品质量、服务品质，降低成本和改变商业模式的引擎，逐步上升为产业竞争力的重要手段和发展方向。

那么到底什么是工业互联网呢？顾名思义，工业互联网就是工业+互联网，其本质和核心是通过工业互联网平台把设备、生产线、工厂、供应商、产品和客户紧密地连接融合起来，从而提高效率，推动整个制造服务体系智能化。还有利于推动制造业融通发展，实现制造业和服务业之间的跨越发展，使工业经济各种要素资源能够高效共享。

由图 1-4 能看到，工业互联网是工业技术和信息通信技术结合的产物。

工业技术就是 OT，英文是 Operational Technology，是指工厂车间里面的那些工业环境和设备，包括机械臂、传感器、仪器仪表、监控系统、控制系统等。

信息通信技术就是 ICT，可分为 IT（Information Technology，信息科技）和 CT（Com-

图1-4 工业互联网

munication Technology，通信科技），其中，CT就是传统互联网，是工业互联网的一部分，是必须掌握的一门知识。

工业互联网，是IT、CT、OT的全面融合和升级。它既是一张网络，也是一个平台，更是一个系统，实现了工业生产过程所有要素的泛在连接和整合。

综上所述，工业互联网是全球工业系统与高级计算、分析、感应技术以及互联网连接融合的一种结果。其本质是通过开放的、全球化的工业级网络平台把设备、生产线、工厂、供应商、产品和客户紧密地连接和融合起来，高效共享工业经济中的各种要素资源，从而通过自动化、智能化的生产方式降低成本、增加效率，帮助制造业延长产业链，推动制造业转型发展。

工业互联网作为"新基建"的核心要素，是消费互联网之后又一波大的时代浪潮，更是无数企业押注下一个增长点的热门选项。

1.3 工业互联网六重天

时代的变迁和进步都不是一蹴而就的，就好比修真小说里每个境界都有几个小境界一样，在工业3.0向工业4.0转变时，可以分为以下六重：

1.3.1 第一重 智能生产

之前我们说过，生产设备和管理信息系统也各自连接起来，并且设备和信息系统之间也连接起来了。你有没有觉得还缺点什么？没错，就是生产的原材料和生产设备还没有连接起来。

这个时候，我们就需要一个东西，叫作RFID，即射频识别技术。简单来说，就相当于一个二维码，可以自带一些信息，它比二维码厉害的地方，在于它可以无线通信。

我们还是来描述一个场景。百事可乐的生产车间里，生产线上连续过来了三个瓶子，每个瓶子都自带一个二维码，里面记录着这是为张三、李四和王五定制的可乐。

第一个瓶子走到灌装处时，通过二维码的无线通信告诉中控室的控制器，说张三喜欢甜一点的，多放糖，然后控制器就告诉灌装机械手："加二斤白糖！"

第二个瓶子过来，说李四是糖尿病，不要糖，控制器就告诉机械手："这瓶不要糖！"

第三个瓶子过来，说王五要的是芬达，控制器就告诉灌可乐的机械手："你歇会儿。"再告诉灌芬达的机械手："你上！"看到了吗？多品种、小批量、定制生产，每一灌可乐从你在网上下单的那一刻起，它就是为你定制的，它所有的特性，都是符合你的喜好的。这就是智能生产，如图1-5所示。

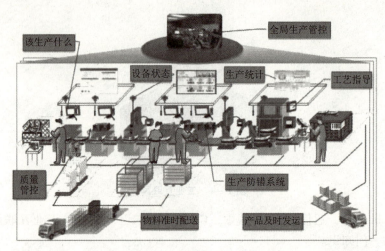

图 1-5 智能生产的管理

1.3.2 第二重 智能产品

生产的过程智能化了，那么作为成品的工业产品，也同样可以智能化。最容易理解的就是人形机器人，包括扫地机器人、服务员机器人、医疗机器人等。这类机器人最大的特点是拥有类人的身体构造，包括躯干、四肢、大脑等。人形机器人集机、电、材料、计算机、传感器、控制技术等多门学科于一体，是一个国家高科技实力和发展水平的重要标志。

事实上，智能产品并不只有机器人一种形态，下面举了一些目前可以实现，甚至已经实现的智能产品。

①智能音箱：具有点播歌曲、充当闹钟、网上购物等功能。

②智能电视：除了可以观看电视节目，打电话、语音视频、网上购物、虚拟游戏等功能也可以实现。

③智能灯：通过一些网络应用程序，结合自身计算能力实现核心作用，并依此提升人们的健康和幸福感。不同的生活场景，不同的心境，灯光效果也会迥异。

④智能体重秤：可以和手机关联，检测出人体脂肪、水分、蛋白质、肌肉等方面的数据，甚至连人体极其轻微的变化也可以监测和记录，可以对当前的健康情况进行综合评估，具备一定参考意义。

⑤智能无线运动蓝牙耳机：采用蓝牙技术取代传统线材，增加了运动统计、提醒、语音等功能。

⑥智能扫地机器人：自动测量工作空间，规划合理路径，大大节省了扫地时间。

⑦智能手环：替代了手表计时和查看时间的功能，还在此基础上增加了人们进行运动量统计和健康管理的作用。

⑧智能门锁：采用指纹解锁，并在每次解锁时对开锁人进行拍照，上传到主人手机中。

⑨智能婴儿床：可以测量婴儿房的温度、湿度、光线、空气和压力，以及检测婴儿的睡眠和健康状况。

⑩智能马桶：天气冷的时候自动加热马桶垫，有的马桶盖还能感应到人的接近并自动打开，如厕后自动清洗，起身后自动冲水。

⑪智能无线路由器：可以给来访的用户设置好友 WiFi，可以远程控制在线下载。

⑫机器人服务员：可以担任迎宾、解说、主持、送餐等岗位。

⑬写稿机器人：可对核心数据进行梳理，还可根据算法在第一时间自动生成稿件，瞬时输出分析和研判。

⑭医疗机器人：协助完成手术规划，主要用于伤病员的手术、救援、转运和康复。

⑮无人驾驶汽车：车载传感系统感知道路环境，自动规划行车路线并控制车辆到达预定目标的智能汽车。

⑯智能插座：它有清除电力垃圾的功能，有的还加入防雷击、防短路、防过载、防漏电的功能，消除开关电源或电器时产生电脉冲等功能。

⑰无人机：用于航拍、物流等方面。

这些产品通常有一个数据采集端，不断地采集用户的数据并上传到云端去，通过适当的运算或大数据分析，再输出返回至产品端，如图1-6所示。

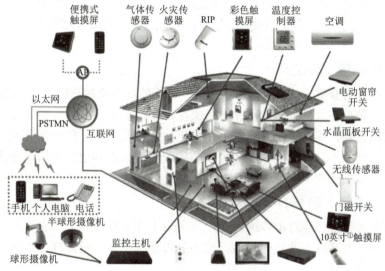

图1-6 智能产品的种类

1.3.3 第三重 生产服务化

智能产品会不断采集用户的数据和状态，并上传给厂商，这使一种新的商业模式成为可能，即向服务收费。

西门子很多年前就提出来向服务收费，当时几乎所有的客户都认为这是德国人饭后拍脑袋想出来的荒诞决定，但是现在才明白这是若干年前就已经开始为工业4.0的生产服务化布局了。你对西门子的印象是什么？冰箱？大错特错，西门子这些年已经悄然并购了多家著名软件公司，成为仅次于SAP的欧洲第二大软件公司了。

这个服务是什么呢？比如西门子生产一台高铁的牵引电动机，以往就是直接卖一台电动机而已，现在这台电动机在运行过程中，会不断地把数据传回给西门子的工厂，这样西门子就知道你的电动机现在的运行状况，以及什么时候需要检修了。高铁厂商以往是怎么做的？一刀切，定一个时间，到时间了不管该不该修，都去修一下，与我们汽车保养没什

---

① 1英寸=2.54厘米。

么差别。现在西门子可以告诉你什么时候需要修，什么时候需要养护。

再举个例子，智能汽车实现后，每一辆汽车都会不断地采集周边的数据，来决定自己的行驶路线，整个运输系统会完全服务化，任何人都不需要再买车，有一天也许自己开车会成为严重的违法行为，因为设备是智能的，而人却是不可控的。

计算机、通信、互联网等信息技术的发展，拉近了产品的最终顾客与生产企业的距离，也使得顾客更容易地表达他们对产品的喜好与憎恶。

那么如何更好地提高顾客满意度，成为企业提升产品价值的努力方向？从全球制造企业发展的趋势来看，越来越多的制造业企业不再仅仅关注产品的生产，而是将行为触角延伸至产品的整个生命周期，包括产品开发或改进、生产制造、销售、售后服务、产品的报废、产品的解体或回收。越来越多的制造业企业不再仅仅提供产品，而是提供产品、服务、支持、自我服务和知识的"集合体"。这就是所谓的全球制造业服务化趋势。

产品总是同质化，服务才具差异化。制造业的生产服务化更有助于帮助传统制造企业寻找到自己的"蓝海"，从而实施差异化竞争。因此，制造业服务化实质上成为制造企业提升和不断保持核心竞争力的重要手段。

1.3.4 第四重 云工厂

当工厂的两化融合进一步深入的时候，另一种新的商业模式孕育而生，这就是云工厂。工厂里的设备现在也是智能的了，它们也在不断地采集自己的数据上传到工业互联网上，此时就可以看到，哪些工厂的哪些生产线正在满负荷运转，哪些是有空闲的。那么这些存在空闲生产线的工厂，就可以出卖自己的生产能力，为其他需要的人去进行生产。这样的模式既提高了生产效率，也增加了工厂的收益。

1.3.5 第五重 跨界打击

互联网行业天天说将会打击传统行业，可是当工业4.0进入第五重天时，工业企业的跨界打击将比这些互联网企业猛烈百倍。这个过程将从根本上撼动现代经济学和管理学的根基，重塑整个商业社会。

举个例子，一个生产手表的厂商，这个手表每天贴着你的身体，采集你身体的各项数据，这些数据对于手表厂商也许没什么用，但是对于保险公司就是个金库，这个时候，手表厂商摇身一变，就能成为最好的保险公司。当自动化和信息化深度融合的时候，跨界竞争将成为一种常态，所有的商业模式都将被重塑。

由此可见，大数据就是未来的一个金矿，很多行业都可以从某个产品采集的数据中心提取到有价值的内容，并最终形成产能，如图1-7所示。

> **想一想**
>
> 但这也是一把双刃剑，厂商可以根据这些个性化数据为客户量身定制服务，也可能暴露一些个人隐私，所以，一定要坚守道德底线，才能为人类谋取福利。

1.3.6 第六重 黑客帝国

整个工业4.0过程，就是自动化和信息化不断融合的过程，也是用软件重新定义世界的过程。

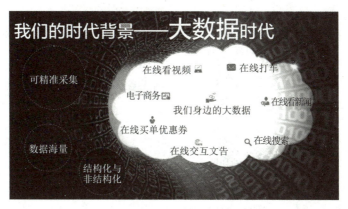

图 1-7 大数据时代

在未来，多元宇宙将在虚拟世界成为现实，一个现实的世界将对应无数个虚拟世界。改变现实世界，虚拟世界会改变；改变虚拟世界，现实世界也会改变。一切都在基于数据被精确地控制当中，人类的大部分体力劳动和脑力劳动都将被机器和人工智能所取代，所有当下的经济学原理都将不再适用。

> **想一想**
>
> 但是有一些东西是不会变的，人类的爱、责任、勇敢，对未来和自由的向往，以及永无止境的奋斗，生生不息。

1.4 传统互联网与工业互联网的融合

1.4.1 互联网的起源与发展

20 世纪 60 年代，世界范围内充斥着古巴核弹危机、美苏冷战、越南战争等事件，美国国防部为此组建了高级研究计划署（ARPA），其核心机构之一的信息处理处认为：如果只有一个军事指挥中心，一旦遭受打击，全国的军事指挥将瘫痪，必须设计一个由分散在各地的指挥点组成的指挥系统，某个指挥点被摧毁后，其他指挥点不受影响，并且这些指挥点之间通过某种形式的通信网取得联系，互联网雏形由此诞生。

历经 60 年的发展，互联网已经完全渗透到人类生产生活中，并发挥着非常重要的作用。某企业有办公电脑 100 台，分布于三个楼层，每层有一台交换机、一台打印机和一个无线 AP 接入点。三台交换机通过级联方式接入一楼弱电间主机柜的路由器，服务器 1~2 台（主要提供文件共享服务），位于一层。这是目前主流的企业内部局域网架构。图 1-8 所示为典型的传统局域网和广域网组网方式。

图 1-8 描述的网络中，广域网（或城域网）和局域网以路由器为边界，广域网主要由路由器组网，拓扑简单清晰；局域网主要以交换机组网，拓扑较广域网复杂，涉及的终端设备种类也较丰富。这样的网络结构目前可以满足人们日常生活和工作的基本需求。

1.4.2 向工业互联网进化

根据上一节总结的工业互联网概念，可以用图 1-9 来描述。

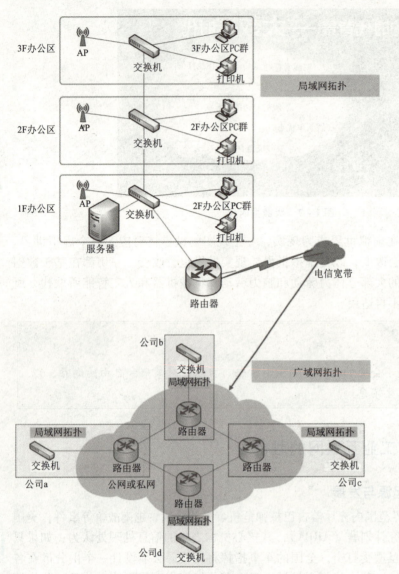

传统互联网与工业互联网的融合

图1-8 传统互联网架构

图1-9展示了工业和互联网是如何融合在一起的,其与图1-8所示的传统互联网架构有着天壤之别,总体分为五层结构:

Level 4 为战略决策层;
Level 3 为生产管理层;
Level 2 为生产监控层;
Level 1 为生产控制层;
Level 0 为现场执行层。

仔细观察会发现,下方Level 0、Level 1、Level 2 三层主要针对工业生产设备,如果把Level 3、Level 4 两层单独拿出来,可以描述为图1-10和图1-11所示。

第四次工业革命(也就是工业4.0)要实现的是工业生产智能化。随着产品质量和精

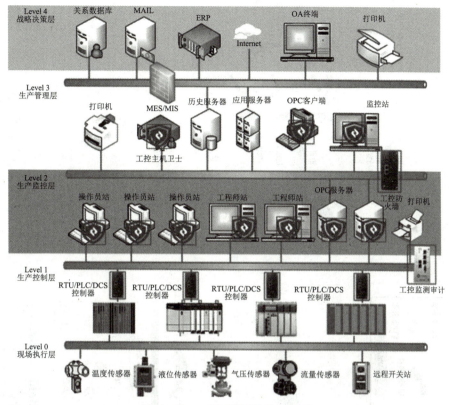

图1-9 工业互联网总体逻辑图

细度的要求更高,生产环境相对恶劣,在生产过程中,机器设备将逐步取代人工成为主要的生产力。对于一家工业生产企业来说,智能化制造需要实时掌握生产设备的工作状态,如设备健康状况、故障预测、生产效率、能耗等,云平台通过 Level 0 现场执行层的感知系统上传的工控数据对设备运行进行优化,这些机器设备和办公电脑同样被看作是网络的终端,那么不同的机器和整个生产线就必须要与网络连接;同时,因设备的售后服务需要,这些机器的生产厂商也需要通过具有适当权限的网络通道,对设备进行升级、维修、配置等技术支持。

在原料采购和产品销售方面,为了提升效率和透明度,企业与原料供应商、企业与客户之间都需要一个直接沟通的互联网平台(可以是一个 Web 网站或者手机 App),这个平台需要架设在企业内部的服务器上。

此外,大型集团和企业很可能在异地有自己的子公司、分公司和办事处,这些机构在自己的办公地点会有自己独立的局域网,但这些局域网又隶属于总部的局域网,所有这些机构与总部会组成一个庞大的局域网。

现在来比较图1-8和图1-10,也许两者的相似之处还不那么明显,但事实上,图1-10是以图1-8为基础进行了升级优化。

图1-10描述了智能制造企业的内部办公网与工业互联网融合组建的 IT 网络物理拓扑。同时,因为工业互联网对信息安全的要求更高,在进行需求调研时,还需要附加图1-11的逻辑结构。由于这两张图是根据 Level 3 和 Level 4 所画,所以并非独立的工业互联网架构,而是承载了办公网和工业互联网的基础架构。

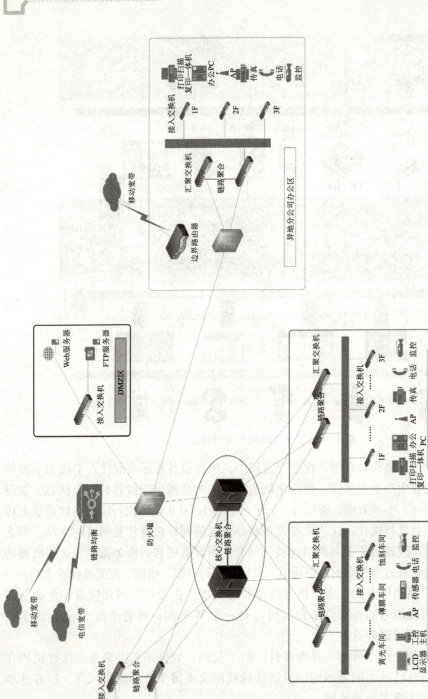

图1-10 工业网络拓扑（物理）

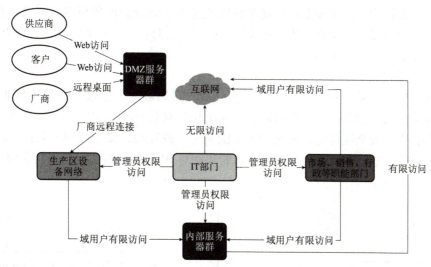

图1-11 工业互联网系统层面逻辑拓扑图

工业生产与互联网的融合，是以传统局域网为基础，底层架构仍旧沿用传统局域网所使用的网络设备，而在广域网层面，其架构和传统广域网并无太大区别。因此，本书要学习的，就是在局域网层面上的工业互联网，后面所有章节所提到的工业互联网和传统互联网，若无特别说明，均默认为局域网范围。工业互联网与传统互联网不同之处在于，随着网络终端功能、种类以及应用系统的增多，信息安全的要求、数据存储量和数据传输量成百上千倍地增加，网络设备已经有了不同功能的区分。

1. 路由器的升级

在广域网中收发数据时，传统互联网所承载的信息量不大，使用的普通路由器可以集路由、NAT 地址转换等主要功能于一身；工业互联网承载的数据量陡增，而这些庞大的数据中充斥着世界各地的病毒和木马，作为企业局域网接入广域网的第一道关口，防护病毒显得越来越重要，同样具有 NAT 功能的防火墙设备逐渐取代了路由器的位置。当然，这并不意味着路由器就此淘汰，防火墙和路由器虽然都可以用在边界区域，也可用在广域网和局域网中，但前者注重病毒防护和行为管理，后者在路由效率和价格上仍然有很大的优势，这就需要企业的 IT 工程师综合考虑实际需求。路由器的升级如图 1-12 所示。

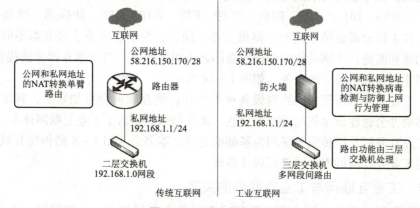

图1-12 路由器的升级

在工业互联网中，出于安全性和精细化管理考虑，划分的网段更多，局域网路由功能已由三层甚至四层以上交换机承担，防火墙承担了安全防护方面的职责；而传统互联网中，路由需求不多，路由器承担即可。

2. 交换机的升级

当今的大中型企业，特别是工业生产型企业，其局域网内传输的数据体量非常庞大，对传输速率要求已经达到吉比特级别以上，传统互联网采用的100M/1 000M交换机无法满足要求，并且出于安全性考虑，局域网内不能完全开放互访，安全级别不同的区域需设置不同的访问权限。这就需要采用具有路由功能和针对IP与端口的访问控制功能的三层交换机，如图1-13所示。

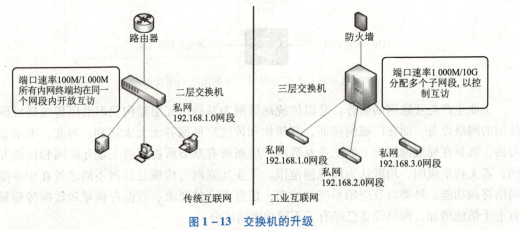

图1-13 交换机的升级

图1-13中工业互联网需要对不同区域、不同职能和不同权限的终端划分子网，进行访问控制，才能满足安全性的要求。二层交换机不具备路由功能，只有升级为三层才能实现。

3. 服务器的升级

传统互联网内终端大多为PC，大多数工作内容对服务器的访问需求不大，企业从成本考虑，往往一台服务器扮演多种角色（如FTP、文件共享）。进入工业互联网时代，企业日常运作需要频繁访问服务器，一台多角色服务器完全无法满足日常工作需求，一旦超负荷运行造成宕机，整个公司将陷入瘫痪。因此，工业互联网对于服务器的角色细分更加多样化（如域控、DNS、DHCP、IIS、邮件、文件、FTP、ERP、MES、防病毒、视频会议等），各种产线工控主机也需要独立的服务器做支持，同时，为了保证重要服务器不间断运行和升级备份的顺利实施，个别功能角色往往会部署备用服务器，当主服务器无法提供服务时，备用服务器能迅速承担相应的服务，如图1-14所示。

此外，工业互联网所服务的终端设备种类相比传统互联网会更加繁多，智能手机的普及带来的移动办公也逐渐承担起重要的角色，无线网络也融入了工业互联网体系。

由于工业互联网是以传统互联网为基础的延伸，本书会从图1-8的传统互联网架构入手，逐步对工业互联网的ICT层进行展开讲解。

1.4.3 工业互联网与工业物联网的关系

在工业互联网的概念出现之前，曾经出现过几个名词概念——物联网、工业物联网。

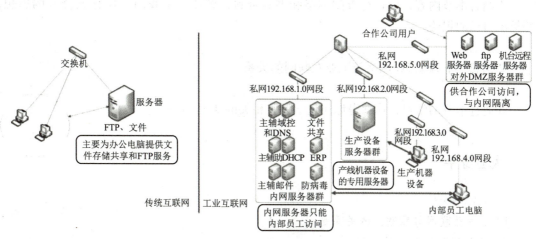

图 1－14　服务器的配置升级

在讨论工业互联网与工业物联网的关系之前，再重温一下物联网的概念。

传统的互联网是人与人之间通过计算机连接形成的网络。物联网，顾名思义，就是物与物之间连接形成的网络，是通过各种信息传感器、射频识别技术、全球定位系统、红外感应器、激光扫描器等装置与技术，实时采集任何需要监控、连接、互动的物体或过程，采集其声、光、热、电、力学、化学、生物、位置等各种需要的信息，通过各类可能的网络接入，实现物与物、物与人的泛在连接，实现对物品和过程的智能化感知、识别和管理。其核心和基础仍然是互联网，是在互联网基础上延伸和扩展的网络；其用户端延伸和扩展到了任何物体与物体之间，使其进行信息交换和通信。可以说，物联网就是一个"万物互联的网络"。

那么在物联网前面加上"工业"二字，可以理解为数以亿计的工业设备之间构成的互联网，不论是工厂里的机器还是飞机上的发动机，在这些设备上装置传感器，连接到无线网络，以收集和共享数据。

所以，工业物联网是工业领域的物联网技术，简而言之，既不是工业互联网，也不是互联网。它是一种技术，是将具有感知、监控能力的各类采集、控制传感器或控制器，以及移动通信、智能分析等技术不断融入工业生产过程各个环节的技术。

工业物联网指的是物联网在工业中的应用。工业互联网涵盖了工业物联网，但进一步延伸到企业的信息系统、业务流程和人员。

因此，工业互联网、工业物联网和物联网之间的关系可以描述为图 1－15。

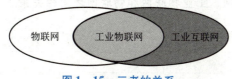

图 1－15　三者的关系

任务实施

针对本节的学习内容，请同学思考下面三个问题：

①结合本节内容,请自行查阅网络和书籍资料,解读一下我国"两化融合"的思想,并提出自己的想法。

②构想一下移动5G网络与工业互联网的关系。

③通过本节的学习,你觉得你还想学哪些相关的知识?

大显身手

一、选择题

1. 工业互联网与物联网的关系是（　　）。
   A. 工业互联网涵盖了物联网
   B. 物联网涵盖了工业互联网
   C. 工业互联网与物联网互不相干
   D. 两者不同,但工业物联网是两者的重合点

2. 工业互联网是工业技术、信息技术和（　　）的结合。
   A. 感知技术　　　　B. 自动化　　　　C. 通信技术　　　　D. 智能制造

二、问答题

1. 什么是工业互联网?

2. 工业互联网分为哪几个阶段?请简述。

3. 详细阐述工业互联网、工业物联网和物联网之间的关系。

任务 2　认知工业网络应用

学习目标

知识目标	能力目标	素质目标
◇ 通过 Predix 进一步了解工业互联网的架构 ◇ 熟悉工业互联网在不同领域的应用案例 ◇ 了解我国两化融合的战略	◇ 熟悉 Predix 架构 ◇ 了解我国两化融合的现状和布局	◇ 明确两化融合是一个漫长的过程，拥有牢固的基础才能实现

任务分析

通过上一任务的学习，了解了工业互联网的发展历程和定义，以及工业互联网的一些典型特征。任何一项技术或理念的产生，最终目的都是要运用到实际的生产生活中。本任务将详细讨论工业互联网的实际应用价值，并初步了解我国在工业互联网领域的发展状况和成就，进而形成正确的职业观和职业发展规划。

知识精讲

1.5　Predix 介绍

工业互联网是由美国通用电气公司（GE）首次提出，根据 GE 的描述，工业互联网将会在未来带来巨大的商业机会。工业互联网是在物联网、大数据和智能设备的基础之上搭建的一张以智能设备为网元的互联网。它通过智能设备连接形成网络，再通过捕捉、存储、分配，以及分析快速、复杂和多变的海量数据，形成主动的信息处理。

在认知工业互联网应用之前，我们有必要先了解一个名词——Predix。它是 GE 提出工业互联网概念的同时，推出的一个组建工业互联网的基础系统平台，这个平台非常重要，看懂它，也就看懂工业互联网。

Predix 最开始是一个开放的平台，它可以应用在工业制造、能源、医疗等各个领域。但是随着 GE 对其的不断完善，现在已经超越了平台的概念，成为 GE Digital 的"当家花旦"。目前，Predix 已经远远不止是平台，还包括了边缘、平台、应用三部分，其中，边缘和平台都只是配合应用的，应用才是 Predix 的最终目的，如图 1-16 所示。

图 1-16 描述了 Predix 架构的三个部分，边缘层通过感知技术对设备运行数据进行采集，平台层提供丰富的工具和能力，而应用层则是围绕着资产、运营和商业的应用。接下来，我们将对这三个部分分别进行介绍。

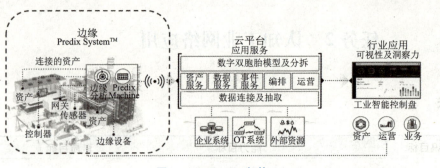

Predix 介绍

图 1-16　Predix 架构

1.5.1　边缘层

人与人之间交流是通过语言进行的，机器之间的交流也有它们自己的"语言"，称为协议或者标准。由于生产设备可能来自不同的品牌厂商、不同的型号，这些设备的连接和协议具有复杂性和多样性的特点，并且很多是与 GE 有竞争关系的各大厂商（西门子、ABB 等）主导的封闭协议，因此，Predix 并不直接提供实现数据采集的硬件网关设备，但是提供了一个网关框架——Predix Machine，以实现数据的采集和连接。

Predix 提供了 Predix Machine 的开发框架，支持开发现场协议的接入，并增强了边缘计算的功能，由合作伙伴开发相应的设备接入和边缘计算的功能。尤其值得关注的是 Predix 提供的边缘计算功能，在国内，还在讨论什么是边缘计算，而 Predix 已经通过丰富的实际案例定义了边缘计算的实现框架。

GE 在边缘计算方面丝毫不落后于像华为和 Cisco 这样的 ICT 厂家。Predix Machine 几乎覆盖了边缘设备需要解决的所有问题（①工业协议解析；②灵活的数据采集；③同平台的配合；④本地存储和转发；⑤支持运行平台端的应用；⑥丰富的安全策略；⑦本地设备通信），并且有非常多的合作伙伴已经基于这个框架开发出了众多边缘网关产品。

Predix Machine 包括一整套技术、工具和服务，支持应用开发、部署、应用和管理，可支持小到 Raspberry Pi 这样的嵌入式硬件，大到 SBC（Single Board Computer）的整体解决方案，可以说是一个小型的 Predix Cloud。根据边缘设备的处理能力不同而选择 Predix Machine 的内置功能，以此来决定应用场景。

1.5.2　平台层

平台端 Predix Cloud 是整个 Predix 方案的核心，围绕着以工业数据为核心的思想，提供了丰富的工业数据采集、分析、建模及工业应用开发的能力。

由于 GE 本身是生产大型复杂型工业产品（飞机发动机、燃气轮机、风力发电机、机车等，也就是通常所说的高端装备）的企业，所以 Predix Cloud 的构建也是从 GE 本身的业务特点出发的，即紧密围绕着离散制造行业里的大型高端装备的设计、生产和运维，提供以工业设备数据分析为主线的一系列能力，方便构建高端装备行业的应用。但是在 Predix Cloud 发展过程中，由于平台优异的开放性，很多其他行业，包括很多流程制造和服务的客户，也在利用 Predix Cloud 开发相关应用。

Predix Cloud 集成了工业大数据处理和分析、Digital Twin 快速建模、工业应用快速开发等各方面的能力，以及一系列可以快速实现集成的货架式微服务。主要有如下几个部分：

1. 基础架构

Predix 提供了三种部署架构：公有云、私有云和 Country Cloud。所以，Predix Cloud 是支持私有化部署的。

2. 安全

Predix Cloud 提供了非常多的安全机制，包括身份管理、数据加密、应用防护、日志和审计等。

3. 数据总线

这部分包括了数据的注入、处理以及异构数据的存储等功能，支持流数据和批量数据的导入和处理。

4. 高生产力开发环境

提供包括 Predix Studio 在内的可视化应用开发环境，支持平民开发者（Citizen Developer）使用拖拉拽的方式快速构建工业应用。

5. 高控制力开发环境

提供代码级别的开发环境（基于 Cloud Foundry），提供可控程度最高的工业应用开发环境，以及一系列可快速集成的微服务。

6. 数字孪生开发环境

提供快速的建模工具，实现包括设备模型、分析模型以及知识库结合的模型开发。

Predix 最强大的地方是基于 Digital Twin 的工业大数据分析，即将物理设备的各种原始状态通过数据采集和存储，反映在虚拟的信息空间中，通过构建设备的全息模型，实现对设备的掌控和预测。

Predix 提供了一个模型目录，将 GE 和合作伙伴开发的各类模型以 API 的方式发布出来，并提供测试数据，让使用者可以站在巨人的肩膀上，利用现有的模型进行模型训练，快速实现实例化。同时，用户开发的模型也可以发布到这个模型目录中，被更多的客户共享使用。这里的模型不仅包括常规的异常检测，还包括文本分析、信号处理、质量管控、运行优化等，根据大家公认的工业大数据分析类型，可以将其分为四类，即描述性（Descriptive）、诊断性（Diagnostic）、预测性（Predictive）、策略性（Prescriptive）。

除了这些分析模型，还有 GE 提供的超过 300 个资产和流程模型，这些模型都是跟 GE 旗下的不同产品相关的，包括各种属性和 3D 模型，方便客户或者合作伙伴快速构建 Digital Twin。按照 GE 的宣传资料，包括 GE 自身以及合作伙伴在内，已经构建了数万个 Digital Twin。

1.5.3 应用层

对工业客户来说，需要的是解决问题的能力，而不是解决问题的工具。GE 推出 Predix 的主要目标，也是更高效、更简单地开发各类工业应用，分析各类工业问题。

Predix 应用针对的不是我们耳熟能详的 MES、ERP、PLM 等传统 IT 类应用，而是为各类工业设备提供完备的设备健康和故障预测、生产效率优化、能耗管理、排程优化等应用场景，采用数据驱动和机理结合的方式，旨在解决传统工业几十年来都未能解决的质量、效率、能耗等问题，帮助工业企业实现数字化转型；同时，Predix 毫不犹豫地采用物联网、人工智能等新兴 IT 技术，摆脱人的经验和知识积累的局限性，从只能解决已知的、经验性的问题，逐步代入对未知世界的掌控中。

1.6　Predix 应用

前面科普了那么多关于 Predix 的理论知识,而实践才是检验真理的唯一标准,下面我们来看一下 Predix 的经典案例。

1.6.1　国外案例

1. BP（英国石油公司）

BP 和 GE 的油气部门联合发布了一个 POA 服务（Plant Operation Advisor），这是一个全新的基于 Predix 开发,旨在提高 BP 油气生产环节的效率、可靠性和安全性的数字化方案。POA 已经帮助 BP 提升了在墨西哥湾炼油厂的性能,并且会在下一个年度部署在 BP 全球的炼油工厂。该方案将成为 Predix+APM 方案的全球最大部署案例。

2. Exelon（美国爱克斯龙电力公司）

Exelon 是美国财富 100 的能源公司,是最大的核电公司,其采用了 GE 的 Predix 平台实现数字化转型。Exelon 部署了 Predix 的完整套件,应用在全公司的 33 GW 核电、混合电力、风电、太阳能和天然气的电厂上,并合作开发了非常多基于 Predix 的工业应用。

3. Qantas Airways（澳洲航空公司）

对于 Qantas 来说,燃油的使用效率是至关重要的。自从 2015 年开始,该航空公司利用 GE 的 Flight Analytics 软件,已经实现了数百万千克燃油的节约使用。从 2017 年开始,它们开始为最重要的资产——飞行员配备基于 GE Predix 开发的移动应用 FlightPulse,以便于让 1 700 多个飞行员获取更细致的飞行数据,做出更精准的燃油使用决策。

4. Ferromex（墨西哥铁路）

Ferromex 是墨西哥最大的铁路运营商,利用 GE 交通的 Smart Shopping 套件降低列车的停留时间,可以实现 7×24 h 对 100 辆列车进行健康和性能的实时监控和分析。通过精细化的分析,在列车进入维修车间之前就可以实现运维的预测,以此减少宕机的时间和维修的成本。

1.6.2　国内案例

1. 仁济医院

早在 2013 年,仁济医院就开始与 GE 医疗合作,使用资产云管家 Asset Plus。Asset Plus 能从远端观察到每一台设备的运行负荷,进行远程就诊调控和分流,降低高负荷机器的运行时间,把等待就诊的病患引导至闲置设备,一方面使设备利用率得到了提升,避免单台机器长时间超负荷工作造成停机,同时,也减少了病患等待的时间。

2. 东方航空

GE 基于大数据建立的发动机叶片损伤分析,可以为对发动机维修的安排提供准确率高达 80% 的参照。并推出 GE 航空大数据平台,着眼于飞行（风险）分析、燃油管理、以及发动机分析三大关键领域。GE 与东方航空共享各自掌握的海量数据,充分释放 GE 在大数据分析技术以及在发动机领域的最佳实践和创新技术的价值,帮助东方航空提高飞行安全管理水平、降低燃油消耗和排放,以及可以有效降低计划外维修次数,提高在役安全运行时长。

3. 广日电气

GE 为广日电气制定了 APS、MES、WMS 三大系统，实现了对物料入库/出库、分发、转移、不合格品、VMI 和库存检查等的全过程管控，改变了传统生产模式，解决了之前广日电器大量堆积浪费的问题，起到了降本增效的作用。

如果以 GE 的工业互联网案例为例，可以看到其实工业互联网已经不断应用于各个领域，并且开始潜移默化地改变我们的生活。

➢ 能源领域

中国东部地区因煤的低效利用而带来雾霾等空气问题，与此同时，天然气产业每年因计划外停机而导致了上亿美元损失。数字工业则得以通过监控与数据分析，配合能源结构调整，提供最优的运作方案，将旧有设备数字化并支持清洁的风电来提供新能源和减少排放。以风力发电机数据监控为例，通过软件动态调整叶片转速和方向，可以将风机的能量输出提高 3%~4%。可不要小看这几个百分点的提高，由一台机器扩展到整个风电网络，将产生巨大的能量。

➢ 医疗领域

同样得益于 GE 的工业互联网，自 2014 年以来，武汉同济医院在不增加设备的情况下，医院设备开机率持续稳步攀升，CT 和核磁的扫描量同比分别增加 20% 和 23%。GE 医疗通过互联网与机器设备的结合，利用对机器运转产生的大数据分析，提升机器的运转效率，减少停机时间和计划外故障，从而提高了病人看病的效率与医院的容纳量。在中国，用于临床的大型医疗设备 CT、MR 和 X 光机等的开机利用率数据，业内普遍认可的是 91%。而在数字工业时代，GE 医疗帮助武汉同济医院开机利用率自 95% 提升至 98.5%，缓解了中国医疗领域普遍存在的供需紧张问题，如图 1-17 所示。

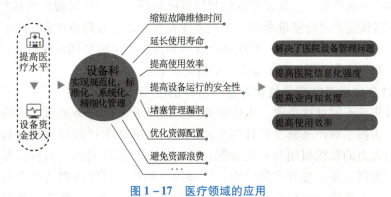

图 1-17 医疗领域的应用

➢ 航空领域

数字工业能够让民用航空公司最大化地提高燃油效率。例如，波音 787 搭载的 GEnx 发动机有 1 400 多个监测点，在整个航程中不间断地采集数据，并进行分析预测，提高航空安全性。为抵消燃油成本的增长，基于数据分析的全程飞行增效服务可以让航班燃料消耗降低 2%，对于燃料成本占据总支出 30% 的航空企业来说，这一节省意义重大。

➢ 发电领域

工业互联网同样能够让发电站实现资源最优配置。金陵燃机电厂是江苏省内最大燃气电厂,并作为国家"西气东输"工程下游配套项目之一,它扮演着多重角色——改善当地电网结构、带动相关产业发展、进一步优化区域能源结构、带动低碳经济发展等。由此,对金陵燃机电厂来说,燃机运行的可靠性及经济性至关重要。

GE 作为燃机项目设备的提供商和技术支持,将工业互联网及数字工业的概念及工业互联网模式注入机组运行管理之中,为其高效运行及资源优化配置提供全方位的解决方案。在 GE 数字化的运作模式下,金陵燃机电厂的机组运转能够按照各自机型进行即时数据分析,做出相应预警,提高了机组运作效率及可靠性。在数字工业的帮助下,只要在国家层面将燃气发电效率提高 1%,燃料支出就能够降低超过 40 亿美元。在 15 年内,累积节约成本可能超过 660 亿美元。

1.6.3 应用场景

通过以上案例可以看到,当前工业互联网平台初步形成四大应用场景:

1. 面向工业现场的生产过程优化的应用场景

通过对工艺参数、设备运行等数据进行综合分析,找出生产过程中的最优参数,提升制造品质;通过对生产进度、物料管理、企业管理等数据进行分析,提升排产、进度、物料、人员等方面管理的准确性;通过对产品检验数据和"人机料法环"等过程数据进行关联性分析,实现在线质量监测和异常分析,降低产品不良率;通过对设备历史数据与实时运行数据构建数字孪生,及时监控设备运行状态,并实现设备预测性维护;通过对现场能耗数据的采集与分析,对设备、产线、场景能效使用进行合理规划,提高能源使用效率,实现节能减排。也就是说,通过对实时生产数据的分析与反馈来对整个生产过程进行优化。

2. 面向企业运营的管理决策优化的应用场景

可打通生产现场数据、企业管理数据和供应链数据,通过实时跟踪现场物料消耗,结合库存情况安排供应商进行精准配货,实现零库存管理,有效降低库存成本;通过进行业务管理系统和生产执行系统集成,实现企业管理和现场生产的协同优化;通过对企业内部数据的全面感知和综合分析,有效支撑企业智能决策。

3. 面向社会化生产的资源优化配置与协同的应用场景

通过有效集成不同设计企业、生产企业及供应链企业的业务系统,实现设计、生产的并行实施,大幅缩短产品研发设计与生产周期,降低成本;通过对外开放空闲制造能力,实现制造能力的在线租用和利益分配;通过企业与用户的无缝对接,形成满足用户需求的个性化定制方案,提升产品价值,增强用户黏性。可实现制造企业与外部用户需求、创新资源、生产能力的全面对接,通过数据分析推动设计、制造、供应和服务环节的协同优化。

4. 面向产品全生命周期的管理与服务优化的应用场景

通过借助标识技术记录产品生产、物流、服务等各类信息,综合形成产品档案,为全生命周期管理应用提供支撑;通过将产品/装备的实时运行数据与其设计数据、制造数据、历史维护数据进行融合,提供运行决策和维护建议,实现设备故障的提前预警、远程维护等设备健康管理应用;通过将产品运行和用户使用行为数据反馈到设计和制造阶段,从而改进设计方案,加速创新迭代。综合来讲,从产品全生命周期流程入手,将产品设计、生产、运行和服务数据进行全面集成管理和优化应用，在设计环节实现可制造性预测，在使用环节实现健康管理，并通过生产与使用数据的反馈来改进产品设计。

至此，同学们是否了解了 Predix，又是否读懂了工业互联网呢？

1.6.4　目前工业互联网的困局

工业互联网主要有四大发展要点：

一是物联网，主要解决工业数据的采集和传递；

二是智能机器，能够实时采集设备的运行数据，根据预置模型自主选择回传并根据自身决策或远程指令执行相应的动作；

三是工业大数据分析，通过融合以往生产工艺经验和行业应用知识的数据筛选与分析模型，预测设备行为并提出干预建议；

四是功能和信息安全，保障设备的运转功能安全和关键数据信息安全。

总体来看，支撑工业互联网发展的各项软硬件技术已基本成熟，其发展的关键是应用。

秦始皇统一六国做的第一件事是什么？统一度量衡、统一货币、车同轨、书同文等，这一系列的举措都是在制定标准，有了通用标准，经济政治交流才能畅通无阻，才能促进社会经济文化的发展。

工业互联网是建立在工业物联网基础上的，机器与机器之间必然也要通过某种统一形式的"语言"来交流，并在适当的条件下转化成我们人类能辨识的"语言"，这种语言就称作"协议"。关于协议，我们会在后面的章节进行系统的学习。

美国提出了"工业互联网"，德国提出了"工业4.0"，背后隐藏的核心问题，就是通信协议标准，谁制定标准，谁就站在了行业的最顶层，就有话语权。但是到目前为止并没有一个统一的标准让全球的产业都融合到一起，这就是工业互联网面临的困局，同时也是一个机遇。

1.7　两化融合在中国

从上面列举的案例来看，工业互联网的应用，已经渗透进各行各业，给行业造成的冲击非常明显，成效显著，给企业的生产经营带来了质的飞跃。

大家知道，改革开放以来，我们的祖国已经取得了举世瞩目的成就，作为拥有五千年历史文明的泱泱大国，我们的眼光是放在全人类上的，现在我们是制造业第一大国、互联网第二强国，在工业互联网或者工业4.0领域，我们也必须要争得一席之地。于是，党的十六大提出了"以信息化带动工业化，以工业化促进信息化"的口号，此后，党的十七大首次提出了"信息化与工业化融合发展"以及"信息化与工业化、城镇化、市场化、国际化并举"的崭新命题。工业互联网也在我们国家有了新的名字——两化融合。

具体来讲，两化融合是指电子信息技术广泛应用到工业生产的各个环节，信息化成为工业企业经营管理的常规手段，如图1-18所示。信息化进程和工业化进程不再相互独立进行，不再是单方的带动和促进关系，而是两者在技术、产品、管理等各个层面相互交融，彼此不可分割，并催生工业电子、工业软件、工业信息服务业等新产业。两化融合是工业化和信息化发展到一定阶段的必然产物。

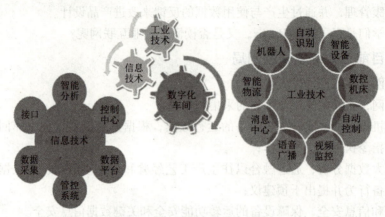

图 1-18 工业化与信息化融合

1.7.1 两化融合的四个方面

信息化与工业化主要在技术、产品、业务、产业四个方面进行融合。也就是说，两化融合包括技术融合、产品融合、业务融合、产业衍生四个方面。

1. 技术融合

技术融合是指工业技术与信息技术的融合，产生新的技术，推动技术创新。例如，汽车制造技术和电子技术融合产生的汽车电子技术、工业和计算机控制技术融合产生的工业控制技术。

2. 产品融合

产品融合是指电子信息技术或产品渗透到产品中，增加产品的技术含量。例如，普通机床加上数控系统之后就变成了数控机床，传统家电采用了智能化技术之后就变成了智能家电，普通飞机模型增加控制芯片之后就成了遥控飞机。信息技术含量的提高使产品的附加值大大提高。

3. 业务融合

业务融合是指信息技术应用到企业研发设计、生产制造、经营管理、市场营销等各个环节，推动企业业务创新和管理升级。例如，计算机管理方式改变了传统手工台账，极大地提高了管理效率；信息技术应用提高了生产自动化、智能化程度，生产效率大大提高；网络营销成为一种新的市场营销方式，受众大量增加，营销成本大大降低。

4. 产业衍生

产业衍生是指两化融合可以催生出的新产业，形成一些新兴业态，如工业电子、工业软件、工业信息服务业。工业电子包括机械电子、汽车电子、船舶电子、航空电子等；工业软件包括工业设计软件、工业控制软件等；工业信息服务业包括工业企业 B2B 电子商务、工业原材料或产成品大宗交易、工业企业信息化咨询等。

由此可见，中国的两化融合不仅仅着眼于工业制造，它在各行各业都发挥着极其重要的指导作用。

1.7.2 两化融合的发展现状

两化融合是信息化和工业化两个历史进程的交汇点，是信息技术在制造业领域应用不断深化的过程,是实现生产力、生产方式、生产关系不断变革的重要途径。随着信息技术加速创新、快速迭代、群体突破,信息化和工业化融合从起步建设,到制造业与互联网深度融合,再到新一代信息技术与制造业融合发展,"由点向线、由线及面"向更大范围、更广领域和更深层次迈进,逐步进入以制造业数字化转型为核心特征和重要模式的新阶段。

2020年政府工作报告提出,推动制造业升级和新兴产业发展,重点是"发展工业互联网,推进智能制造","全面推进'互联网+',打造数字经济新优势"。在常态化疫情防控和中国制造业升级的关键时期,以制造业数字化转型推进两化融合走向深入,发展壮大工业数字经济,是制造资源配置效率优化、制造业全要素生产率提高的迫切需求,也是加快制造业供给侧结构性改革,努力实现制造业高质量发展的必由之路。

具体体现在以下两个方面:

1. 制造业数字化转型是两化融合的新特征、新模式

从发展理念看,新冠肺炎疫情逼着制造主体从"被动转型"向"主动转型"转变。2020年年初新冠肺炎疫情暴发后,我国制造业遭受较大冲击,一季度增加值同比下降10.2%,不少制造企业面临生死存亡的严峻考验。与此同时,一些有基础的制造企业主动寻求"数字突围",把疫情当作新技术的"试验场"、新模式的"练兵场"、新业态的"培育场",积极推动数字化转型,通过远程协同办公、电子商务、无人制造、共享员工等方式快速实现复工复产,有效应对疫情带来的影响。

世界经济论坛发布的《第四次工业革命对供应链的影响》白皮书曾指出,数字化转型使制造企业成本降低17.6%、营收增加22.6%,使物流服务业成本降低34.2%、营收增加33.6%。经"新冠"一役,越来越多的制造企业直观、深切地感受到数字化转型带来的显著优势,不再踌躇于"要不要"转型,而是更加深入地思考"转什么""怎么转"。需要强调的是,数字化转型是一项系统工程,不能局限于疫情防控中所取得的点滴成就,更要从战略层面谋划与发展基础适配的转型路径、方法和模式,从而推动实现全局优化和系统升级。

从生产要素看,数字化转型促进制造资源配置范围从传统要素向数据要素拓展。土地、资本、劳动力是传统工业经济发展不可或缺的生产要素,正面临土地约束趋紧、资金投入产出率不高、劳动力结构性失衡等日益严峻的发展挑战。制造业数字化转型进程中,网络全面普及、计算无处不在、要素广泛连接,由此产生源源不断的数据,日益成为工业经济全要素生产率提升的新动力源。

数字化转型以数据流带动资金流、人才流、物资流,不断突破地域、组织、技术边界,促进制造资源配置从单点优化向多点优化演进,从局部优化到全局优化演进,从静态优化向动态优化演进,全面提升资源配置的效率和水平。同时,数据具有可复制性强、迭代速度快、复用价值高、无限增长和供给等禀赋,数据规模越大、维度越多,数据边际价值不减,反而成倍增加,能够打破传统要素有限供给束缚,为制造业高质量发展提供了充分的要素支持。

从价值创造看,数字化转型推动制造价值链重心从"提质增效"向"开放共享"转移。在传统封闭的工业技术体系下,制造业价值创造以产品为中心,关注的是产品质量和制造效率的提升。数字化转型帮助打通制造全要素、全环节、全流程数据链,推动产品与服务、硬件与软件、应用与平台趋向交融，促进产业链各环节及不同产业链的跨界融合，搭建形成信息互通、资源共享、能力协同、开放合作的价值共创生态圈。基于此生态，企业更精准定义用户需求、更大范围动态配置资源、更高效提供个性化服务，实现远程诊断维护、全生命周期管理、总集成总承包、精准供应链管理等新模式新服务发展。基于此生态，企业与员工、客户、供应商、合作伙伴等利益相关者更加紧密互动，共享技术、资源和能力，实现以产业生态构建为核心的价值创造机制、模式和路径变革，围绕数字化转型底层技术、标准和专利掌控权的竞争将更为激烈。

从组织变革看，数字化转型加速产业组织从金字塔静态管理向扁平化动态管理转变。数字技术构建形成泛在、及时、准确的信息交互方式，大幅降低信息、评价、决策、监督、违约等交易成本，引发产业组织形态、流程、机制和主体的深刻变化。

扁平化组织加速形成，破除企业自上而下垂直高耸的管理架构，增加管理幅度，精简管理流程，缩短最高决策层到一线员工之间的距离，通过管理幅度的增加与分权，充分为个体赋能。

柔性化组织加速形成，促进多品种、小批量、按需定制的灵活制造发展，形成基于市场需求、环境变化和项目任务快速建立工作团队的机制，可通过快速理解用户需求，传递给用户最合适的服务。无边界化组织加速形成，基于跨行业、跨领域、跨主体的产业链平台，推动创新主体广泛参与协作，不再受既定的组织边界束缚，充分激发个体创新潜能。

从生态建设看，数字化转型助力产业链从"内循环"向国内国际双向循环升级。受新冠肺炎疫情影响，我国国际产业链和供应链安全的压力日益增加，上游断供和部分外贸撤单等都给产业链、供应链带来极大冲击。部分企业依托数字化平台，对市场需求、生产能力、产业链配套等情况进行监测预警，以保障重点产业链为抓手，推动国内上下游、产供销、中小微企业协同，对于可能停产断供的关键环节，提前组织柔性转产和产能共享，以数字化转型畅通产业链"内循环"，有效保障供应链完整。

面对外部环境变化和疫情冲击，依托开放式、协同化、网络化平台建设，能够全面整合国际市场和全球产业链供应链资源，在确保产业链主导权的前提下，基于产业"内循环"聚焦具有优势的产品生产，基于平台进行上游供给全球采购，补充"外循环"缺失链条，实现国内国际双循环相互促进、协同运行、良性互动的发展格局。

2. 制造业数字化转型呈现新内容、新趋势

"5G+云数智链"融合重构，筑牢数字化转型新基础。数字化转型与5G、云计算、大数据、人工智能、区块链等新一代信息技术深度融合，形成以"5G网络为入口、云计算平台为支撑、数据融通为核心、智能应用为关键、可信环境为保障、轻量服务为特色"的基础架构，助力企业单环节数字化应用向全要素、全流程、全链条的优化重构升级。

新一代基础架构及应用正在重塑ICT产业新格局，竞争重点从技术产品本身向生态系统构建转移，数字化服务商将围绕边缘智能、数字孪生、智能决策等融合性技术推进联合攻关，基于平台纵向整合产业链供应链，横向整合跨系统、跨领域、跨平台资源和合作伙伴，发展体系化、综合性解决方案。

工业数据价值大量释放，激发数字化转型新活力。工业数据贯穿于制造全过程、全产业链、产品全生命周期，通过端到端的流通共享构建"感知—洞察—评估—响应"闭环机制，支持实现设备精准控制自执行、企业智慧决策自优化和产业链协同自适应。工业数据融入设备，将设备运行状态"透明化"，有助于设备故障诊断和运行优化。工业数据融入研发、生产、管理、服务等各个环节，支持基于内部数据协同的流程优化，提升组织运行效率。工业数据融入产业链上下游，促进企业间信息交互，催生共享制造、供应链金融等新服务新业态。

随着工业数据应用深化，数据资源掌控的多寡及数据管理能力的优劣将成为衡量企业软实力和竞争力水平的重要标志，以战略、治理、架构、标准、质量、安全、应用、生存周期等核心内容的数据管理能力建设将关系着企业发展的未来。

工业互联网平台深度渗透，壮大数字化转型新动能。工业互联网平台全面整合"服务商+开发者+用户"资源，推动工业知识生产与扩散，助力构建数字化创新生态，赋能数字化转型迭代升级。

在知识创新层面，工业互联网平台通过软件等技术将行业原理、基础工艺、业务流程、专家经验等共性技术知识代码化、组件化、模型化，促进工业知识的复用、共享和价值再造。在协同创新层面，工业互联网平台支撑创新资源要素的泛在连接、弹性供给和高效配置，促使创新协作在时空上交叉、重组和优化，实现创新主体多元化、创新流程并行化、创新体系开放化，提升协同研发效率和融合创新水平。在应用创新层面，工业互联网平台环境中的技术和产品研发者不再是唯一的创新发起者，而是用户共同参与创新，形成技术产品应用多方合作、相互促进、快速迭代的创新机制。

数字孪生应用加快落地，引领数字化转型迈向"工业智能"新方向。数字孪生运用数据科学手段，基于建模仿真构建生产制造物理实体与业务流程虚拟运营的精准映射关系，促进物理生产与数字制造的互联、互通、互操作，赋予制造系统动态感知、敏捷分析、全局优化、智能决策的强大能力。

数字孪生应用于研发，基于数字样机推动产品结构和性能的智能仿真、虚拟试验、交互体验和学习优化，大幅缩短研发周期。数字孪生应用于生产，基于模拟生产制定实施计划排产最优方案，有效提高产品交付速度。据统计，截至2020年，互联传感器与端点将超200亿个、数字孪生将服务于数十亿个物件。随着时间的推移，数字孪生应用将逐步向管理、服务等环节渗透，促进从设备级、车间级到产业链级的全向度突破，助力实现"工业智能"。

> 目前，我国已设立了8个国家级两化融合试验区，分别是：
> 南京市
> 上海市
> 重庆市
> 内蒙古呼包鄂地区
> 珠三角地区
> 广州市
> 青岛市
> 唐山暨曹妃甸地区

第一批8个国家级两化融合试验区自设立以来，积极谋划、完善思路，完善领导组织体系，争取相关资金政策支持，为开展两化融合工作铺平道路。迄今为止，各试验区探索了一条战略规划引路、基础环境保障、产业发展支撑、试点示范带动、创新手段推动、区域效益提升的两化融合推进道路，形成了良好的工作格局。同时，也带动了周边地区性两化融合政策，工业互联网在华夏遍地开花。

不论是工业互联网、工业4.0，还是两化融合，都是一个漫长的探索和发展过程，历史经验告诉我们每个人，一定要脚踏实地，把基础打牢，才能造福全中国，甚至全人类。

所以，在了解了工业互联网的概念和应用后，我们要回到现实中，下面我们就要开始学习基础的计算机网络知识，这是实现工业互联网的基础。

任务实施

针对本节的学习内容，请同学思考下面几个问题：
①Predix 由哪几个部分组成？对每个部分阐述自己的理解。

②请谈谈自己对两化融合的理解。

大显身手

一、填空题

1. 工业互联网的四大应用场景是_____、_____、_____、_____。
2. 两化融合主要是指____、____、____、____四个方面融合。

二、问答题

1. 我国首批两化融合试验区是哪8个？

2. Predix 架构分为哪几层？简述每一层的功能。

任务 3　认知计算机网络

学习目标

知识目标	能力目标	素质目标
◇ 掌握计算机网络的概念 ◇ 了解计算机网络的发展 ◇ 理解计算机网络的功能 ◇ 理解计算机网络的分类 ◇ 掌握计算机网络的拓扑结构 ◇ 理解计算机网络的组成	◇ 具有区分不同计算机网络的能力 ◇ 具有选择网络拓扑结构的能力 ◇ 具有绘制拓扑结构图的能力 ◇ 具有区分通信子网设备和逻辑子网设备的能力 ◇ 具有识别不同网络硬件的功能及用途的能力	◇ 正视互联网发展对人类的影响，坚定不移地走网络强国道路，培养学生正确的世界观、人生观和价值观 ◇ 培养学生乐于奉献的社会主义核心价值观

任务分析

通过上面任务的学习，了解了工业互联网的定义及其应用。工业互联网的发展离不开传统网络。接下来让我们来了解一下传统网络是什么样的，以及如何运用所学知识去组建一个简单网络。现在假设你是一名网络管理人员，需要你规划一个5人使用的办公网络，给出网络设计拓扑图。那么，问题来了，什么样的网络算是计算机网络？它有哪些用途？有什么特征？由什么组成？如何设计网络？如何绘制拓扑结构？这些疑问可以从下面的介绍中找到答案。

知识精讲

1.8　计算机网络的定义

计算机网络是指将不同地理位置且功能相对独立的多个计算机系统通过通信设备和线路连接起来，在功能完善的网络软件和协议的支持下，以实现数据通信和资源共享为目标的系统。

从定义中看出，计算机网络涉及以下3个方面的问题：
- 至少有两台及以上功能独立的计算机互联。
- 需要通信设备与线路介质。
- 需要网络软件，即通信协议和网络操作系统。

人们组建计算机网络的目的是实现计算机之间的数据通信和资源共享，包括硬件资源、软件资源和数据资源的共享。

想一想

共享是计算机网络的主要功能之一,网络社会中的个体既可能是资源的提供者,也可能是资源的接收者。计算机网络影响如此之大、发展速率如此之快的一个重要因素是资源的共享。"任何时间、任何地点"的信息服务,为计算机网络注入了强大的生命力,没有共享,就没有互联网的今天。共享不仅提高了资源的利用率,也是奉献精神的体现。在共享时代,要乐于奉献,善于分享,互帮互助,这是社会主义核心价值观的体现。

1.9 计算机网络的产生与发展

1.9.1 计算机网络的产生

最早将通信技术与计算机技术相结合,可以追溯到 1952 年。在电子计算机还处于第一代电子管时期,美国就建立了一套半自动地面防空系统(Semi-Automatic Ground Environment,SAGE)。该系统将远距离的雷达和其他设备的信息通过总长达 241 万千米的通信线路汇集到一台 IBM 旋风型计算机上,实现了集中的防空信息处理与计算机远程控制。SAGE 系统的诞生在计算机网络技术的发展史上具有重要意义,它是计算机通信发展史上的重要标志。

20 世纪 60 年代末,美国国防部高级研究计划局(Defense Advanced Research Projects Agency,DARPA)建立了一个实验性的计算机网络,用于军事目的。这项实验从最初的 4 个节点开始,通过有线、无线与卫星通信线路的连接,最终形成了覆盖从美国本土到欧洲与夏威夷等广阔地域的网络连接,这就是著名的 ARPANET。

ARPANET 建网的初衷是帮助那些为美国军方工作的研究人员通过计算机交换信息,它的设计与实现基于这样一种思想:网络要能够经得住故障的考验而维持正常工作,当网络的一部分因受攻击而失去作用时,网络的其他部分仍能维持正常通信。该项目被命名为"The Internetting Project",这是人们首次使用 Internet(因特网)这一名称。ARPANET 的形成是计算机网络技术发展史的一个重要里程碑,它对推动计算机网络的形成与发展具有深远意义。

1969 年 9 月,3 位青年学者克达因·洛克、文森·约瑟夫和罗伯特·卡恩第 1 次实现了将 4 个节点的计算机与中介服务器进行连接。

1977 年 7 月,文森·约瑟夫和罗伯特·卡恩等 10 余人在美国南加州大学的信息科学研究所里举行了一次具有历史意义的实验,他们将 1 个有信息的数据包通过点对点的卫星网络,跨越太平洋抵达挪威,经海底电缆到达伦敦,最后通过卫星网连接 ARPANET 传回南加州大学的实验室,其行程 6.4 万千米,没有丢失 1 个比特的数据信息。

从此,网络开始进入一个全新的发展时期,随着网络体系结构和协议的形成和完善,最终形成了今天的计算机网络。

1.9.2 计算机网络发展阶段

计算机网络随着计算机技术和通信技术的发展而发展,其发展过程可分为 4 个阶段。

1. 面向终端的计算机网络

这一阶段主要在 20 世纪 50—60 年代,其以主机为中心,通过计算机实现与远程终端的数据通信，如图1-19所示。面向终端的计算机网络又称为分时多用户联机系统，早期的计算机系统均设置在专用机房里，人们在自己的终端上提出请求，通过通信线路传送到中央服务器，在分时访问和使用中央服务器上的信息资源后，再将信息处理结果通过通信线路送回到各终端用户。通常，面向终端的计算机网络根据中央服务器的性能和运算速度来决定连接终端用户的数量。20世纪60年代初，美国航空公司的SABRE-1航空订票系统就是用一台计算机与全美2 000多个终端组成了典型的第一代计算机通信网络。

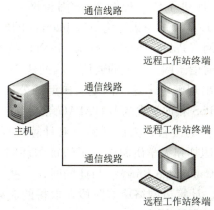

图1-19 面向终端的计算机网络

以主机为中心，实现计算机远程终端的数据通信是这一阶段网络发展的主要特征，分时访问这一技术直到今天还在大量应用，此阶段网络的主要特点如下：
- 以主机为中心，面向终端。
- 分时访问和使用中央服务器上的信息资源。
- 中央服务器的性能和运算速度决定连接终端用户的数量。

2. 计算机通信网

第二阶段是在20世纪60—70年代，这一阶段是以通信子网为中心，通过公用通信子网实现计算机之间的通信，如图1-20所示。

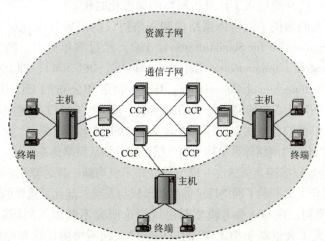

图1-20 计算机网络的逻辑划分

随着科学技术与经济的不断发展，不同部门、不同地区甚至不同领域之间的合作与交流越来越频繁，人们开始更多地希望能够将若干分散的计算机网络连接起来，以便进行更为广泛的信息传递和资源共享。

为了在各主机系统之间进行信息传输，人们使用了一个功能简单的计算机来处理终端设备的通信信息和控制通信线路，以此实现"计算机-计算机"之间的信息交流。这一阶段最为引人瞩目的成果即是 ARPANET。ARPANET 从 1969 年的 4 个节点经过 10 余年的发展，到 1983 年迅速扩充到 100 多个节点。ARPANET 的思想一直延续到今天，它完成了对计算机网络的定义和分类，促进了传输控制协议/因特网互联协议（Transmission Control Protocol/Internet Protocol，TCP/IP）的发展，为最终 Internet 的形成奠定了基础。

在这一时期，公用数据网（Public Data Network，PDN）技术也得到迅速发展。计算机网络逻辑上分为资源子网和通信子网，分散的通信子网的建设造价高昂，并且利用率较低，重复建设浪费极大，PDN 的出现解决了这一问题。典型的公用数据网有美国的 TELENET、法国的 TRANSPAS、英国的 PSS 和加拿大的 DATAPAC 等。

随着计算机外部通信条件的改善，人们开始了对计算机局域网（Local Area Network，LAN）的研究。1972 年，美国加州大学研制成功了纽霍尔环网（Newhall），1974 年，英国剑桥大学开发出剑桥环网（Cambridge Ring）。与此同时，一些大型计算机公司提出了初步的网络体系结构与相关协议。计算机网络第二阶段所取得的成果对推动计算机网络技术的不断发展和进步起到了极为重要的作用。

第二阶段是计算机网络全面发展的时期，最为重要的成果是 ARPANET 的出现，形成了今天 Internet 的雏形。公用数据网和局域网的快速发展形成了网络多样化的局面，这一阶段网络的主要特点如下：

- 以通信子网为中心，实现了"计算机-计算机"的通信。
- ARPANET 的出现，为 Internet 及网络标准化建设打下了坚实的基础。
- 出现大批公用数据网。
- 成功研制局域网。

3. 开放式的标准化计算机网络

从 20 世纪 80 年代开始进入了计算机网络的标准化时代。

在这一阶段，人们加快了网络体系结构和网络协议的国际标准化研究。国际标准化组织（International Organization for Standardization，ISO）经过多年努力，制定了开放系统互联参考模型（Open System Interconnection Reference Model，OSI/RM），即 ISO 和国际电工委员会（International Electrotechnical Commission，IEC）制定和公布的 ISO/IEC7498 国际标准。OSI 参考模型提出了 7 层结构的网络体系结构模型。ISO 与 CCITT（国际电报电话咨询委员会）还为这一参考模型的各层次制定了一个庞大的 OSI 基本协议集。

OSI 参考模型将计算机网络体系结构分为 7 层，它分别从网络体系结构、网络组织和网络配置这 3 个方面对网络加以描述。虽然这一模型最终并未成为新一代计算机网络的标准，但 OSI/RM 的研究方法与成果大大推动了网络理论体系的形成与发展，起到了重要的理论指导作用。

20 世纪 80 年代初，在 OSI 参考模型与协议理论研究不断深入的同时，Internet 技术也蓬勃发展，人们开发了大量基于 TCP/IP 的应用软件。该网络协议具有标准开放性、网络环境相对独立性、物理无关性及网络地址唯一性等优点。随着 Internet 的广泛使用，TCP/IP 参考模型与协议最终成为计算机网络的公认国际标准。

在这一时期的局域网领域中,以太网(Ethernet)、令牌总线网(Token Bus)和令牌环网(Token Ring)取得了突破性的发展,局域网开始向着互联高速化、管理智能化及安全可靠性方面发展。传输介质和局域网操作系统不断推陈出新,客户端/服务器(Client/Server)模式的应用使得网络信息服务的功能得以进一步提高。通过在局域网之间进行连接,应用更加广泛的城域网和广域网开始出现。

这一阶段计算机网络的重要标志是 TCP/IP 协议的最终形成,OSI 参考模型的出现为计算机网络理论的研究奠定了基础,对局域网的研究也取得了突破性的发展,这一阶段网络的主要特点如下:

- 网络技术标准化的要求更为迫切。
- 制定出计算机网络体系结构 OSI 参考模型。
- 随着 Internet 的发展,TCP/IP 协议广泛应用。
- 局域网全面发展。

4. 新一代综合性、智能化、宽带高速网络

从 20 世纪 90 年代开始,计算机网络进入第 4 个发展阶段,这是一个智能化、全球化、高速化、个性化的网络时代。20 世纪 90 年代,互联网(Internet)进入了高速发展时期,截至 2015 年年底,几乎所有国家和地区接入互联网,全球有超过 32 亿人定期接入互联网。我国于 1994 年 4 月 20 日正式接入国际互联网,截至 2016 年 12 月,中国上网用户达到 7.31 亿人,网站数达到 482 万个。网络的商业化也加快了发展步伐,网络已不仅仅是进行科研和学术交流的地方,它已经深入社会生活的每一个角落,改变着人们传统的生活和工作方式。网络的全球化将地球变得更像一个"村落",它将人类彼此之间的联系变得更为紧密;宽带综合业务数据网、帧中继、异步传输模式网(ATM)、高速局域网,甚至虚拟网络的出现,标志着网络在高速地蓬勃发展;能够进行动态网络资源分配和通信业务自应变能力的智能化网络已经进入了人们的研究视线;电子商务、远程教育、远程医疗等个性化的网络服务成为新的经济增长点。网络的发展对人们生活的改变正悄然而至。学习网络的发展史可以更好地了解网络、认识网络,为今后网络知识的系统学习打下良好的基础。这一阶段网络的主要特点如下:

- 网络的高速发展时期。
- 网络在社会生活中大量应用。
- 网络经济快速发展。

> **想一想**
>
> 计算机网络从早期的面向终端的网络到现在的互联网,其发展经历了"集中到分散再到集中""不对等到对等再到不对等"的"螺旋式上升"的过程,体现了"分久必合,合久必分"的思想。这些变化揭示了发展总要经历曲折的过程,只有不断努力与改变,才能进一步提升。

1.10 计算机网络的功能

计算机网络的主要功能包括数据通信、资源共享、负载均衡和分布式处理、信息的集中和综合处理4项。

1. 数据通信

数据通信是计算机网络的一项基本功能，它包括网络用户之间、各处理器之间，以及用户与处理器之间的数据通信，数据形式可以是文本、声音、图像和视频等多媒体数据，其主要提供语音、传真、电子邮件、电子数据交换（Electronic Data Interchange，EDI）、电子公告牌系统（Bulletin Board System，BBS）、远程登录和浏览等数据通信服务。

2. 资源共享

资源共享是计算机网络的另一项基本功能。这里的资源主要包括硬件资源和软件资源。硬件资源包括处理机、存储器、服务器和打印设备等，软件资源包括各种系统软件、应用软件和数据等。资源共享功能不仅可以让用户克服地理位置上的距离，共享网络中的资源，还可以提高资源利用率，避免重复劳动和投入，提高系统整体性能。

3. 负载均衡和分布式处理

负载均衡是指当网络中某个节点系统负载过重时，新的任务可以通过网络传送到其他较为空闲的计算机系统中处理。在幅员辽阔的国家，还可以利用时差来均衡日夜负荷。

分布式处理是指当网络中某个节点的性能不能满足处理某项复杂任务时，通过调用网络中的其他计算资源进行分工合作，以共同完成某项任务的处理方式。网格计算就是分布式处理的一种应用。

4. 信息的集中和综合处理

以网络为基础，将分布在不同地理位置的各种信息通过计算机采集、存储于数据库，并进行整理、分析和综合处理。譬如企业资源计划ERP系统，通过网络将企业订单、原材料、库存、生产、销售和财务等生产经营各方面数据集中在数据库中，通过对这些数据的综合分析处理，提供企业生产和经营管理的重要信息，帮助企业进行决策，提高企业效率和竞争力。大数据和云计算就是基于计算机网络的这些功能实现的。

应当指出，上面列举的计算机网络基本功能并不是完全独立存在的，它们之间相辅相成。以这些功能为基础，可以在网络上开发出许许多多的应用。

1.11 计算机网络的分类

计算机网络的种类有很多，根据不同的分类方法，可以得到不同类型的计算机网络。

1.11.1 按覆盖地理范围分类

按照覆盖地理范围对网络进行分类是目前最为常见的一种计算机网络分类方法。之所以如此，是因为覆盖地理范围的不同直接影响网络技术的选择与实现。也就是说，局域网、城域网和广域网由于地理覆盖范围不同而具有明显不同的网络特性，并在技术实现和选择上存在明显差异。

1. 局域网（Local Area Network，LAN）

局域网的覆盖范围一般为几十米到几千米，如一座建筑物内，一个校园内，或者一个企业范围内。局域网通常由使用单位建设、管理和维护，如网吧、校园网、企业网等都是局域网。其具有数据传输速率高、传输延时低和

计算机网络的分类

误码率低等特点，如图 1-21 所示。

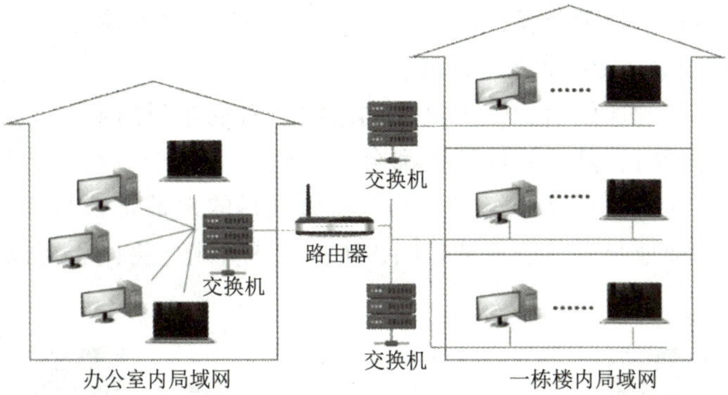

图 1-21　局域网

2. 城域网（Metropolitan Area Network，MAN）

城域网的覆盖范围一般为几千米到几十千米，其是介于局域网与广域网之间的一种网络形式，它主要满足城市、郊区的联网需求。譬如有线电视网，许多城市都有这样的网络。这种系统是由早期的社区天线系统发展起来的，如图 1-22 所示。

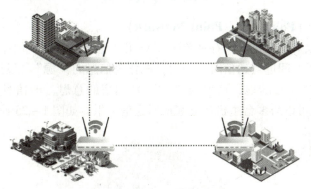

图 1-22　城域网

3. 广域网（Wide Area Network，WAN）

广域网的覆盖范围一般为几十千米到几千千米之间，其能够在很大范围内实现信息传递和资源共享。譬如全国性的网络、国家与国家或洲际间建立的网络都属于广域网。大家所熟悉的 Internet 就是广域网中最典型的例子，如图 1-23 所示。

图 1-23　广域网

1.11.2 按网络传输技术分类

按主机之间信息传输技术分类,可以将网络区分为以下两大类。

1. 广播式网络(Broadcast Network)

在网络中只有单一的通信信道,由这个网络中所有的主机所共享。当一台计算机利用共享通信信道发送分组时,其他的计算机都会"接收"到这个分组。由于发送的分组中带有目的地址与源地址,接收到该分组的计算机将检查目的地址是否与本节点地址相同。如果被接收分组的目的地址与本节点地址相同,则接收该分组,否则丢弃该分组,如图1-24所示。

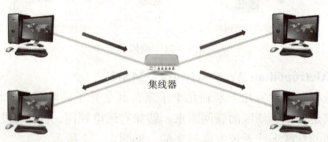

图1-24 广播式网络

2. 点到点网络(Point-to-Point Network)

当一个网络中成对的主机之间存在着若干对相互连接关系时,便组成了一个点到点的网络。在每一对主机之间进行通信时,一台主机作为信息的"源"(发送地),另一台主机则作为信息的"宿"(目的地,这里的"宿"是归宿的意思,即信息到达的终点或目的地)。允许一台主机可以与多台主机建立起成对通信关系,如图1-25所示。

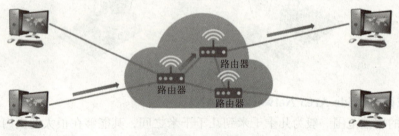

图1-25 点到点网络

1.11.3 其他分类

在计算机网络研究中,常见的分类方法还有以下几种:

①按网络的拓扑结构分类,可分为环型网络、星型网络、总线型网络等。

②按所使用的通信介质分类,可分为有线网络和无线网络。

有线网络——采用如同轴电缆、光纤等物理介质来传输数据的网络。

无线网络——采用卫星、微波等无线形式来传输数据的网络。

③按使用网络的对象分类,可分为公众网络和专用网络。

公用网络——又称为公众网,它是为全社会所有人提供服务的网络,如Internet。

专用网络——为一个或几个部门所有,它只为拥有者提供服务,如银行系统的网络。

④按网络传输速度的高低分类,可分为低速网络、中速网络和高速网络。

低速网络——网上数据传输速率在 300 b/s ~ 1.4 Mb/s 之间的系统。

中速网络——网上数据传输速率在 1.5 ~ 45 Mb/s 之间的系统。

高速网络——网上数据传输速率在 50 ~ 1 000 Mb/s 之间的系统。

⑤按网络控制方式分类,可分为集中式计算机网络和分布式计算机网络。

集中式计算机网络——这种网络处理的控制功能高度集中在一个或几个少数的节点上,所有的信息流都必须经过这些节点之一,星型网络和树型网络都是典型的集中式网络。

分布式计算机网络——这种网络中不存在一个统一处理的控制中心,网络的任一节点都至少和另外两个节点相连接。

1.12 计算机网络的拓扑结构

网络拓扑结构反映了网络的连接结构关系,它对网络的性能、可靠性及建设管理成本等都有着重要的影响。因此,网络拓扑结构设计在整个网络设计中占有十分重要的地位,在构建网络时,网络拓扑结构往往是首先要考虑的因素。

1.12.1 计算机网络拓扑概念

所谓拓扑,就是把实体抽象成与其形状、大小无关的"点",而把连接实体的线路抽象成"线",以图的形式来表示这些点与线之间的关系,其目的在于研究这些点与线之间的连接关系。表示点和线之间连接关系的图被称为拓扑结构图。

拓扑结构与几何结构属于两个不同的数学概念。在几何结构中,主要考查的是点、线之间的位置关系,或者说几何结构强调的是点和线构成的形状与大小,如梯形、正方形、平行四边形和圆形都有不同的几何结构,但从拓扑结构的角度来看,由于点、线之间的连接关系相同,从而具有相同的拓扑结构,即环型结构。也就是说,不同的几何结构可能具有相同的拓扑结构。

在计算机网络中,我们把计算机、终端设备及通信处理机等设备抽象成点,把连接这些设备的通信线路抽象成线,并将这些点和线所构成的图形称为网络拓扑结构图。

1.12.2 计算机网络常见拓扑结构

在计算机网络中,常见的网络拓扑结构有总线型、星型、环型、树型和网状型。由于不同的网络拓扑结构各有优缺点,现代网络一般不会单独采用某种网络拓扑结构,而是在不同的部位采用不同的网络拓扑结构,因此,现代网络往往是以上各种网络拓扑的综合。常见的网络拓扑结构简单示意图如图 1-26 所示。

1. 总线型

总线型拓扑结构采用单根线路作为传输介质,如图 1-26(a)所示,它是一种广播型网络,其特点如下:

• 所有节点直接连接到一条物理链路上。

• 任何一个节点发送的数据都通过总线传播,同时能够被总线上的所有其他节点接收到。

• 同一时刻只能有一个节点发送数据,其他节点只能接收数据。

- 优点是网络拓扑结构形式简单，易于扩展。
- 缺点是可靠性和灵活性差，传输延时不确定。

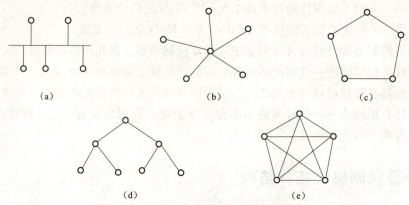

图 1-26　常见计算机网络拓扑结构示意图
（a）总线型　（b）星型　（c）环型　（d）树型　（e）网状型

2. 星型

星型拓扑结构中有一个中心节点，其他各节点通过各自的线路与中心节点相连接，形成辐射状星型拓扑结构，如图 1-26（b）所示，其特点如下：

- 各节点间的通信必须通过中心节点转发。
- 优点是结构简单，组网容易，管理方便，可扩展性强。
- 缺点是中心节点的故障会造成整个网络的瘫痪，容易产生网络可靠性"瓶颈"，需耗费大量线缆，安装维护工作量较大。

3. 环型

环型拓扑结构中各节点和通信线路连接形成一个封闭的环型，如图 1-26（c）所示，其特点如下：

- 数据只能按照一个方向传输，发送端发出的数据沿环绕行一周后回到发送端，由发送端将其从环上收回。
- 任何一个节点发出的数据都可以被环上的其他节点接收到。
- 优点是结构简单，易于实现，传输延时确定，路径选择简单。
- 缺点是任何一个节点出现故障都可能造成网络瘫痪，维护与管理复杂，扩展困难。节点的加入和拆除过程比较复杂。

4. 树型

树型拓扑结构像树的形状，从根开始，扩展出树枝。树型拓扑结构可以看成星型拓扑结构的一种扩展，它适用于分级管理和控制的网络系统，如图 1-26（d）所示，其特点如下：

- 数据流具有明显的层次性。
- 优点是易于扩展，容易隔离故障。
- 缺点是对根节点的依赖性大，一旦根节点出现故障，对网络其他节点影响较大。

与简单的星型拓扑结构相比，在节点规模相当的情况下，树型拓扑结构中通信线路的总长度较短，成本较低，易于推广。但其结构较星型拓扑结构复杂，而且除了叶子节点及连线外，任一节点或连线的故障都会影响相关支路网络的正常工作。

5. 网状型

在网状拓扑结构中，节点之间的连接是任意的，每个节点都有多条线路与其他节点相连，使得节点与节点之间存在多条路径可选，在传输数据时，可以灵活地选用空闲路径或者避开故障线路，其拓扑结构如图1-26（e）所示。网状拓扑可以充分、合理地使用网络线路资源，其特点如下：

- 节点间的连接是任意的，没有规律。
- 优点是多条链路，提供冗余，可靠性高。
- 缺点是网络结构复杂，建设和管理成本高。

由于广域网覆盖范围广，传输距离长，局部网络故障会给大量用户带来严重危害，为了提高网络可靠性，广域网一般采用网状型网络拓扑结构。

1.13 计算机网络的组成

从逻辑功能的角度看，计算机网络由通信子网和资源子网组成；从物理构成的角度看，计算机网络由硬件系统和软件系统两部分组成。

1.13.1 计算机网络的逻辑组成

从计算机网络的设计与实现角度看，更多地是从功能角度去分析计算机网络的组成，并从功能上将计算机网络逻辑划分为通信子网和资源子网。图1-27给出了通信子网和资源子网的逻辑结构图。

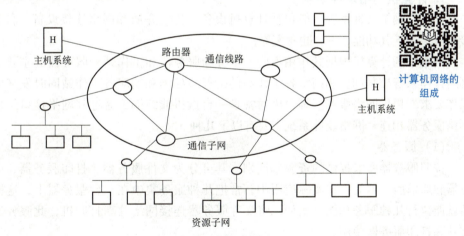

图1-27 通信子网和资源子网

1. 通信子网

通信子网（communication subnet）是指网络中实现网络通信功能的设备及其软件的集合，通信设备、网络通信协议、通信控制软件等属于通信子网，是网络的内层，负责信息的传输。

通信子网主要为用户提供数据的传输、转接、加工、变换等。其任务是在端节点之间传送报文，主要由转节点和通信链路组成。在ARPA网中，把转节点通称为接口处理机

(IMP)。

通信子网主要包括中继器、集线器、网桥、路由器、网关等硬件设备。

2. 资源子网

资源子网负责全网的数据处理业务,并向网络用户提供各种网络资源和网络服务。资源子网主要由主机、终端及相应的输入/输出设备、各种软件资源和数据资源构成。主机可以是大型机、中型机、小型机、工作站或者微型机,它通过高速通信线路与通信控制处理机相连。主机系统一般拥有各种终端用户需要访问的资源,它负担着数据处理的任务。终端是用户进行网络操作时所使用的末端设备,它是用户访问网络的界面,可以直接或通过通信控制处理机与主机相连。终端设备的种类很多,如阴极射线管(Cathode Ray Tube, CRT)监视器、键盘、网络打印机、传真机和个人计算机等。软件资源和数据资源包括网络操作系统、网络通信协议、网络应用软件和数据库系统等。

随着计算机网络技术的发展,特别是计算机和路由设备的广泛使用,现代网络中的通信子网与资源子网技术也发生了巨大变化。在资源子网中,大量的个人计算机和服务器通过局域网接入广域网。在通信子网中,用于实现广域网与广域网之间互联的通信控制处理机普遍采用被称为核心路由器的路由设备。在资源子网与通信子网的边界,局域网与广域网之间的互联也广泛采用路由设备,这些路由设备被称为接入路由器或边界路由器。随着网络安全技术的发展,这些接入路由器或边界路由器也正被网络防火墙所取代。

1.13.2 计算机网络的物理构成

从物理构成的角度看,计算机网络由硬件系统和软件系统两部分组成。

1. 计算机网络硬件系统

计算机网络硬件系统一般包括计算机设备、传输介质和网络连接设备。目前,网络连接设备很多,其功能不一,也很复杂。

网络中的计算机根据其作用不同,可分为服务器和工作站。服务器的主要功能是通过网络操作系统控制和协调网络各工作站的运行,处理和响应各工作站同时发来的各种网络操作要求,提供网络服务。客户机通常是一台微机或终端,通过其网络接口经传输介质与网络服务器相连。网络硬件系统主要有以下几种。

(1)服务器

按照服务器所能提供的资源来区别,其可分为文件服务器、打印服务器、应用系统服务器和通信服务器等。在实际应用中,常把几种服务集中在一台服务器上,这样一台服务器就能执行几种服务功能。例如,将文件服务器连接网络共享打印机,此服务器就能作为文件和打印服务器使用。

文件服务器在网络中起着非常重要的作用。它负责管理用户的文件资源,处理客户机的访问请求,将相应的文件下载到某一客户机。为了保证文件的安全性,常为文件服务器配置磁盘阵列或备份的文件服务器。

打印服务器负责处理网络中用户的打印请求。一台或几台打印机与一台计算机相连,并在计算机中运行打印服务程序,使得各客户机都能共享打印机,这就构成了打印服务器。还有一种网络打印机,内部装有网卡,可以直接与网络的传输介质相连,作为打印服务器。

应用系统服务器上运行客户端/服务器应用程序的服务器端软件,该服务器一般保存着大量信息供用户访问。应用系统服务器处理客户端程序的访问请求，只将查询结果返回给客户端。

通信服务器负责处理与其他网络的通信，以及远程用户与本地网络的通信。

（2）网卡

服务器和客户机都需要安装网卡，其是计算机和传输介质之间的物理接口，又称为网络适配器。网卡的作用是将计算机内的数据转换成传输介质上的信号发送出去，并把传输介质上的信号转换成计算机内的数据接收进来。其基本功能是：并行数据和串行信号的转换、数据帧的拆装、网络访问控制和数据缓冲等。网卡的总线接口插在计算机的扩展槽中，网络线缆接口与传输介质相连。

（3）通信介质

通信介质也称为传输介质，用于连接计算机网络中的网络设备。传输介质一般可分为有线传输介质和无线传输介质两大类。常用的有线传输介质是双绞线、同轴电缆和光纤，常用的无线传输介质是微波、激光和红外线等。

（4）通信处理设备

通信处理设备主要包括调制解调器、中继器、集线器、网桥、交换机、路由器和网关等。

调制解调器。调制解调器（Modem）是远程计算机通过电话线连接网络所需配置的设备。调制是指发送方将数字信号转换为线缆所能传输的模拟信号。解调是指接收方将模拟信号还原为数字信号。调制解调器同时具备调制和解调双重功能，因此它既能发送，又能接收。

中继器和集线器。由于信号在线路中传输会发生衰减，当扩展网络的传输距离时，可以使用中继器使信号不失真地继续传播。中继器（Repeater）可以把接收到的信号进行物理性再生并传输，即在确保信号可识别的前提下延长了线缆的距离。由于中继器不转换任何信息，因此和中继器相连接的网络必须使用同样的访问控制方式。集线器（Hub）是一种特殊的中继器。它除了对接收到的信号进行再生并传输外，还可以为网络布线和集中管理带来方便。集线器一般有 8~16 个端口，供计算机、服务器和网络打印机等网络设备连接使用。

网桥。网桥（Bridge）不仅能再生数据，还能够实现不同类型的局域网互联。网桥能够识别数据的目的地址，如果数据目的地址不属于本网段，就把数据发送到其他网段上。

交换机。交换机（Switch）分为第二层交换机和第三层交换机。第二层交换机同时具备了集线器和网桥的功能。第三层交换机除了具有第二层交换机的功能之外，还具有路由选择功能。

路由器。路由器（Router）具有数据格式转换功能，可以连接不同类型的网络。路由器能够识别数据的目的地址所在的网络，其能根据内置的路由表从多条通路中选择一条最佳路径发送数据。

网关。网关（Gateway）又叫协议转换器，它的作用是使网络上采用不同高层协议的主机能够互相通信，进而完成分布式应用。网关是传输设备中最复杂的一个，主要用于连接不同体系结构的网络或局域网与主机。

2. 计算机网络软件系统

计算机网络软件系统一般包括网络操作系统、网络通信协议和网络应用软件。

（1）网络操作系统

网络操作系统是用于管理网络的软件、硬件资源，提供简单网络管理的系统软件。常见的几种网络操作系统如下：

Windows Server 网络操作系统。微软公司1993年推出了针对企业用户的 Windows NT 网络操作系统，该操作系统不断完善、升级，到1996年推出了 Windows NT 4.0版，得到客户的欢迎。Windows NT 网络操作系统的最大优势是使用 Windows 图形界面，使用户可以轻松地管理系统，但其最大的问题是无法应用到大型网络上。

2000年，微软针对 Windows NT 的缺点进行大幅度改善，推出了新的网络操作系统 Windows Server 2000。

随着网络技术的发展，用户对网络操作系统性能的要求越来越高，微软针对网络操作系统的可靠性、稳定性、安全性和并发处理能力等方面进行不断改进，在2003年推出了 Windows Server 2003，在2008年推出了 Windows Server 2008，在2012年推出了 Windows Server 2012，2016年推出了 Windows Server 2016。

Linux 网络操作系统。Linux 是一套免费使用和自由传播的类 UNIX 操作系统，是一个基于可移植操作系统接口（Portable Operating System Interface of UNIX，POSIX）和 UNIX 的多用户、多任务、支持多线程和多中央处理器（Central Processing Unit，CPU）的操作系统。它能运行主要的 UNIX 工具软件、应用程序和网络协议，并支持32位和64位硬件。Linux 继承了 UNIX 以网络为核心的设计思想，是一个性能稳定的多用户网络操作系统。

Linux 操作系统诞生于1991年10月5日，其存在着许多不同的版本，但它们都使用了 Linux 内核。Linux 可安装在各种计算机硬件设备中，比如手机、平板电脑、路由器、视频游戏控制台、台式计算机、大型机和超级计算机等。

严格来讲，Linux 这个词本身只表示 Linux 内核，但实际上人们已经习惯了用 Linux 来表达整个基于 Linux 内核，并且使用 GNU 工程各种工具和数据库的操作系统。

大网络操作系统。大网络操作系统是一个功能强大的多用户、多任务操作系统，支持多种处理器架构，按照操作系统的分类，属于分时操作系统，最早由 Ken Thompson、Dennis Ritchie 和 Douglas McIlroy 于1969年在 AT&T 的贝尔实验室开发。目前它的商标权由国际开放标准组织 The Open Group 所拥有，只有符合单一大规范的大网络操作系统才能使用大这个名称，否则，只能称为类大（大-like）。

（2）网络通信协议

网络通信协议为连接不同操作系统和不同硬件体系结构的计算机网络提供通信支持，是一种网络通用语言，它规定了网络中互通信息的规则。因特网采用的主要协议是 TCP/IP 协议，该协议也是目前应用最广泛的网络通信协议，其他常见的网络通信协议还有 Novell 公司的 IPX/SPX 等协议。

（3）网络应用软件

网络应用软件是指能够为网络用户提供各种服务的软件，它用于提供或获取网络上的共享资源。如浏览软件、传输软件、远程登录软件、即时通信软件 QQ 等。

任务实施

使用模拟器软件 Cisco Packet Tracer 来模拟任务。

1. 以小组为单位讨论设计方案

CZMEC 公司有一个新部门,这个部门有 5 个员工,企业为每一位员工配置了一台计算机,现需要将这 5 台计算机进行组网,组建一个小型办公网,请你为这个部门设计一个简单组网方案,并做出网络拓扑图。学会使用模拟器软件 Cisco Packet Tracer 绘制网络拓扑图。

2. 绘制网络拓扑图

Cisco Packet Tracer 工作界面如图 1-28 所示。请根据讨论的结果绘制出合适的拓扑结构图。

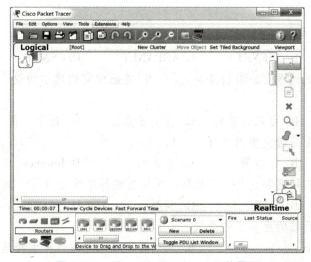

图 1-28 Cisco Packet Tracer 工作界面

小试牛刀

设计方案:

网络拓扑图:

心得体会：

大显身手

一、选择题

1. Internet 起源于（　　）网络。
   A. BITNET　　B. NSFNET　　C. ARPANET　　D. CSNET

2. 计算机网络是地理上分散的多台（　　）遵循约定的通信协议，通过软硬件互联的系统。
   A. 计算机　　B. 主从计算机　　C. 自主计算机　　D. 数字设备

3. 世界上第一个分组交换网是（　　）。
   A. ARPANET　　B. 电信网　　C. 以太网　　D. Internet

4. 目前，大型广域网和远程计算机网络采用的拓扑结构是（　　）。
   A. 总线型　　B. 环型　　C. 树型　　D. 网状型

5. 计算机网络互联的主要目的是（　　）。
   A. 制定网络协议
   B. 将计算机技术与通信技术相结合
   C. 集中计算机
   D. 资源共享

6. Internet 属于（　　）。
   A. LAN　　B. WAN　　C. MAN　　D. WLAN

7. 计算机网络可以共享的资源包括（　　）。
   A. 硬件、软件和数据
   B. 主机、外设、软件
   C. 硬件、应用程序、数据
   D. 主机、应用程序、数据

8. 通信子网的主要作用是（　　）。
   A. 为端用户提供上网服务
   B. 为其他用户提供共享资源
   C. 提供数据传输与转发
   D. 提供资源子网和通信子网接口

9. 资源子网的主要作用是（　　）。
   A. 提供用户共享的软件和硬件
   B. 交换数据信息
   C. 提供传输线路
   D. 进行路径选择

二、问答题

1. 什么是计算机网络？其主要功能是什么？

2. 请分别举出一个局域网、城域网和广域网的例子，并说明它们的区别。

3. 按网络覆盖的地理范围，可以将计算机网络分为哪几种？它们的基本特征各是什么？

4. 什么是计算机网络的拓扑结构？常见的网络拓扑结构有几种？各有什么特点？

5. 计算机网络的发展经历了哪几个发展阶段？各有什么特点？

6. 计算机网络从逻辑上划分，可以分为哪几部分？其主要功能是什么？

项目二

认知网络体系架构及协议

项目引入

计算机网络是由数台、数十台乃至上千台计算机系统通过通信网络连接而成的一个非常复杂的系统,如何构建计算机系统的通信功能,才能实现这些计算机系统之间,尤其是异构计算机系统之间的相互通信,这是网络体系结构需要解决的问题。网络体系结构与网络协议是网络技术中两个最基本的概念,也是初学者比较难以理解的概念。本项目将从层次、服务与协议的基本概念出发,对 OSI 参考模型、TCP/IP 协议与参考模型,以及工业网络协议进行介绍,以便读者能够循序渐进地学习与掌握以上主要内容。

知识图谱

项目二知识图谱如图 2-1 所示。

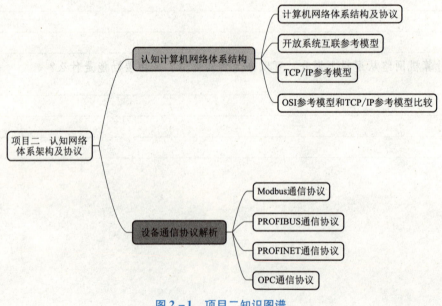

图 2-1 项目二知识图谱

任务 1　认知计算机网络体系结构

学习目标

知识目标	能力目标	素质目标
◇ 理解协议、层次、接口与网络体系结构的基本概念 ◇ 掌握 OSI 参考模型的构成及各层功能 ◇ 掌握 TCP/IP 参考模型的构成及各层功能	◇ 能熟练掌握网络协议、层次与网络体系结构等 ◇ 熟练掌握 OSI 与 TCP/IP 参考模型 ◇ 能熟练掌握数据在网络中的传输过程	◇ 网络体系结构求同存异的智慧 ◇ 网络协议体现了和谐、包容、尊重规则的理念

任务分析

最初的网络起源于一些高校、科研院所、企业，起初各个机构设计的网络雏形结构不尽相同，虽然本机构内部的站点之间能够相互通信，但各机构网络由于结构不同、设备不同，从而导致不能互通。OSI/RM 和 TCP/IP 分别作为计算机网络体系结构的理论指导和事实上的应用模型，运用了求同存异的理念，完美地解决了此难题。其追求和谐、包容、兼容并蓄，理解差异，尊重所有的不同。在诸多不同之上，定义统一的规范和标准，只要遵守规则，则兼容一切不同。既追求可通信范围内的共同点，又尊重各个厂商与机构的创新与不同。求同存异是在生活中解决问题的一大法宝。大到国与国之间复杂的政治、经济、外交等问题，可以通过搁置争议、避免分歧、寻求利益共同点，达到互惠互利、共同发展的目的；小到人与人之间的日常小事，如果能够尊重并理解别人的不同，寻找共同共通之处，就可以实现共赢。在处理个人与社会的关系时，如果能够灵活运用求同存异的智慧，就能够享受到更多的获得感与幸福感。

理解计算机网络的层次结构模型，有助于从整体上把握计算机网络的全貌，也可以促进初学者在具体的领域中深入学习。本任务将详细讲述两种分层次的网络体系结构，即 OSI 开放系统互联参考模型以及 TCP/IP 参考模型，学习两种模型各自的分层方式及相互关系。本任务还将通过 Packet Tracer 中的实验来跟踪观察 OSI 模型各层的协议数据单元。

知识精讲

2.1　计算机网络体系结构及协议

网络体系结构要解决的问题是如何构建网络的结构，以及如何根据网络结构来制定网络通信的规范和标准。

2.1.1　网络通信需要解决的主要问题

计算机网络通信管理的核心是计算机网络软件、硬件资源的安全、可靠和高效应用的问题，尤其是随着网络应用规模的日益扩大和网络信息量的激增，对如何提高效率和实现尽可能多的计算机站点间快速、大流量、多媒体通信提出了更高的要求。网络通信需要解决的主要问题如下：

1. 寻址

网络中有很多主机和节点，其中有些主机运行有多个应用程序。要识别相互通信的双方，就需要某种寻址机制来指明特定的目的地址，一般采用分配地址的方案来实现。

2. 差错控制

物理链路并非总是可靠的，已知的检错码和纠错码有多种，因此，要进行差错控制，连接的双方必须使用同一种检错和纠错算法或数据重发的规则。另外，报文次序颠倒的问题也可通过报文编号的方法来解决。

3. 流量控制

关于发送方发送数据过快，接收方难以应付这一问题，人们提出了各种方案来防止拥塞和数据丢失。例如，接收方向发送方反馈接收方的当前状态，或者采取限制发送方只能以商定的速度进行发送的方案等。

4. 分段及装配

不同的网络协议对报文长度要求可能不同，这就要求协议具备报文分割和重新组装的功能。与之相关的另一问题是：当程序要传输的数据单元太小时，发送的效率很低。对这一问题的解决方案是把几个传向同一目的的短报文汇集成一个长报文，然后在接收方再分解为原报文。

5. 路由选择

当数据源端和目标端有多条链路存在时，还必须进行路由选择。有时路由选择需要由两层或更多层来决定。比如上层根据自己的原则确定了某一条链路，下层则根据当前的通信状况在多条可供选择的链路中选择一条。

6. 编码转换

通信信息使用的名字、日期、数量及文字说明等是用字符串、整型数、浮点数及其他几种简单类型组成的数据结构来表示的，编码转换就是将各种信息转换成标准的数据结构。

7. 信息表达

为了使通信的各方都能理解交换的信息内容或达到数据高效、快速传送等目的，需要研究数据的表达、压缩、解压缩等技术。

8. 同步问题

数据通信的各方在通信时，要建立发送和接收的同步过程，才能保证数据的正确发送和接收。打电话时的电话铃声就是一种同步信号。

9. 数据安全

在网络数据通信应用中，为了防止数据丢失、非法查看、泄密，有时甚至还要防止抵赖，需要不断研究新的加密和解密方法。数据通信安全是现代数据通信理论的重要内容之一。

2.1.2 体系结构和网络协议的概念

系统结构模型有许多种，如平面模型、层次模型和网状模型等。对于复杂的计算机网络系统，需要完成上述所有的功能，最好的办法就是采用分层式结构。在层次模型中，将系统所要实现的复杂功能划分为若干相对简单的子功能,每一项子功能以相对独立的方式去实现,这样就有助于将复杂的问题简化为若干相对简单的问题,以方便复杂系统功能的实现。

将上述分层的思想或方法应用于计算机网络体系中,就产生了计算机网络的分层模型。

1. 网络分层的原则

在实施网络分层时,要依据以下原则:

①根据功能进行抽象分层。
②每层应当实现一个定义明确的功能。
③每层功能的选择应该有助于网络协议的标准化。
④同一节点相邻层之间通过接口通信,层间接口必须清晰,跨越接口的信息量应尽可能少。
⑤每一层都使用下一层的服务,并为上一层提供服务。
⑥不同的系统分成相同的层次,对等层次具有相同功能。
⑦层的数目要适当。层次太少会引起功能不明确,层次太多则会导致体系结构过于庞大。

2. 网络协议

为了实现网络通信,网络的每一层都有多个协议,这些协议都是为了实现特定功能而定义的一系列规则,只要遵守这些规则,就可以和任意站点实现互联、互通和互操作。打一个比方,人与人之间交谈需要使用同一种语言,如果一个人讲中文,另一个人讲英文,那就必须有一个翻译,否则这两人之间无法进行信息沟通。计算机之间的通信过程和人与人之间的交谈过程非常相似,只是前者由计算机来控制,后者由参加交谈的人来控制。网络协议充分体现了和谐、包容、尊重规则的理念,这也是学生需要具备的品质。在社会生活中,只有遵守法律或约定俗成的社会规则,才能获得充分的自由及广阔的天地来发挥自己的个性,反之则寸步难行。每个协议的产生都是为了追求通信的卓越。青年学生也应该具备追求卓越的理念,只有持续坚持追求更高的目标,才能不断进步、提高能力并完善自我。

计算机网络协议就是通信的计算机双方必须共同遵循的一组约定,如怎样建立连接、怎样相互识别等,只有遵守这个约定,计算机之间才能相互通信和交流。

通常网络协议由以下3个要素组成:

①语法:控制信息或数据的结构和格式。
②语义:需要发出何种控制信息,完成何种动作,以及做出何种应答。
③同步:事件实现顺序的详细说明。

网络协议、网络体系结构

3. 计算机网络体系结构

通常,将计算机网络系统中的层、各层中的协议及层次之间的接口的集合称为计算机网络体系结构。计算机网络分层模型如图2-2所示。如果两个网络的体系结构不完全相同,就称为异构网络。异构网络之间的通信需要相应的连接设备进行协议的转换。

不同机器上位于同一层次、完成相同功能的实体被称为对等实体。

网络体系结构的特点如下:

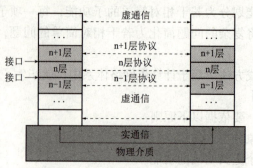

图 2-2 计算机网络分层模型

① 以功能作为划分层次的基础。
② 第 N 层的实体在实现自身定义的功能时,只能使用第 N-1 层提供的服务。
③ 第 N 层向第 N+1 层提供的服务不仅包含第 N 层本身的功能,还包含由下层服务提供的功能。
④ 仅在相邻层间有接口,并且所提供服务的具体实现细节对上一层完全屏蔽。
⑤ 不同层次根据本层数据单元格式对数据进行封装。

2.1.3 接口和服务

接口和服务是分层体系结构中十分重要的概念。通过接口和服务,能够将各个层次的协议连接为整体,完成网络通信的全部功能。

1. 接口

接口是同一节点内,相邻层之间交换信息的连接点。例如,在邮政系统中,邮筒与投递信件人之间、邮局信件打包和转运部门、转运部门与运输部门之间,都是双方所规定的接口。由此可知,同一节点内的各相邻层之间都应有明确的接口,高层通过接口向低层提出服务请求,低层通过接口向高层提供服务。

2. 服务

在网络分层结构模型中,每一层为相邻的上一层所提供的功能称为服务。服务是通过接口完成的。N 层使用 N-1 层所提供的服务,向 N+1 层提供功能更强大的服务。N 层使用 N-1 层所提供的服务时,并不需要知道 N-1 层所提供的服务是如何实现的,而只需要知道下一层可以为自己提供什么样的服务,以及通过什么形式提供。

2.1.4 网络协议制定

现在已经有了许多网络生产商和供应商,他们都有自己的做事思路和方法,如果没有协调的话,事情就会变得一团糟,用户也会无所适从,摆脱这种局面的唯一办法就是让大家都遵守统一的网络标准,因此,在网络发展中有很多国际组织和跨国公司在致力于网络协议的制定。下面介绍几个在计算机网络和数据通信领域有重要地位的标准化组织。

1. 国际电信联盟

国际电信联盟(International Telecommunication Union,ITU)的任务是对国际电信进行标准化。1947 年,ITU 成为联合国的一个代理机构,下设三个主要部门。ITU-R 负责无线电通信,ITU-T 负责电信标准化,ITU-D 是开发部门。其中,与本书相关的是 ITU-T,它主要关注电话和数据通信系统。ITU 的成员包括 ISO、各种科研机构、工业组织、电信组织和电话通信方面的权威人士。ITU 已经制定了许多网络和电话通信方面的国际标准。

2. 国际标准化组织

国际标准化组织（International Organization for Standardization，ISO）是 1946 年成立的一个全球性非政府组织，是国际标准化领域中一个十分重要的组织。ISO 负责目前绝大部分领域（包括军工、石油、船舶等垄断行业）的标准化活动。ISO 的宗旨是在世界上促进标准化及其相关活动的发展，以便于商品和服务的国际交换，在智力、科学、技术和经济领域开展合作。目前已经发布了 13 000 多个国际标准，其中包括 OSI 参考模型。ISO 在计算机网络领域最有意义的工作就是它对开放系统互联的研究，在开放系统互联中，任意两台计算机可以进行通信，而不必理会各自有不同的体系结构。

3. 电气和电子工程师协会

电气和电子工程师协会（Institute of Electrical and Electronics Engineers，IEEE）是一个国际性的电子技术与信息科学工程师的协会，是目前全球最大的非营利性专业技术学会，其会员人数超过 40 万人，遍布 160 多个国家。IEEE 致力于电气、电子、计算机工程和与科学有关领域的开发和研究，在太空、计算机、电信、生物医学、电力及消费性电子产品等领域已制定了 900 多个行业标准，现已发展成为具有较大影响力的国际学术组织。其中比较出名的是 IEEE 802 委员会，它成立于 1980 年 2 月，其任务是制定局域网的国际标准，取得了显著的成绩。

2.2 开放系统互联参考模型

实践经验表明，对于非常复杂的计算机网络系统，最好采用层次型结构。根据这一特点，ISO 推出了开放系统互联参考模型（Open System Interconnect Reference Model，OSI/RM），该模型定义了不同计算机系统互联的标准。

2.2.1 OSI 互联参考模型

OSI 互联参考模型是一种将异构系统互联的分层结构，它定义了一种抽象结构，而并非具体实现的描述。OSI 互联参考模型如图 2-3 所示，由下而上共有 7 层，分别为物理层、数据链路层、网络层、传输层、会话层、表示层和应用层。

在 OSI 7 层互联参考模型中，每一层都为其上一层提供服务，并为其上一层提供一个访问接口或界面。

不同主机之间的相同层次称为对等层。如主机 A 中的表示层和主机 B 中的表示层互为对等层、主机 A 中的会话层和主机 B 中的会话层互为对等层等。

通常，将某个主机上运行的某种协议的集合称为协议栈。主机正是利用这个协议栈来接收和发送数据。

OSI 互联参考模型通过将协议栈划分为不同的层次，可以简化问题的分析、处理过程及网络系统设计的复杂性。

2.2.2 OSI 参考模型各层基本功能

1. 物理层

物理层（Physical Layer）是 OSI 参考模型分层结构体系中最重要、最基础的一层，它

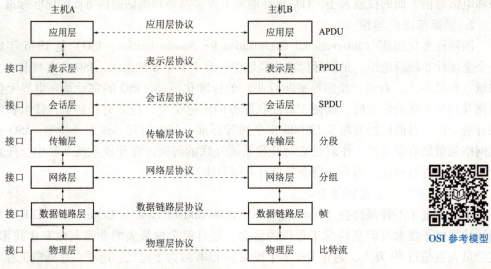

图 2-3　OSI 互联参考模型

建立在传输介质基础上,实现设备之间的物理连接。物理层只是接收和发送一串比特流,不考虑信息的意义和结构,如图 2-4 所示。

图 2-4　物理层功能

物理层主要包含网络设备连接的各种机械、电气和功能的规范,还定义电位的高低、变化的间隔、电缆的类型、连接器的特性等。物理层的数据单位是比特。

物理层的功能是实现实体之间按比特传输,保证按比特传输的正确性,并向数据链路层提供一个透明的比特流传输服务,在数据终端、数据通信和交换等设备之间完成对数据链路的建立、保持和拆除操作。

2. 数据链路层

链路是指两个相邻节点间的传输线路,是物理连接;数据链路则表示数据传输的链路,是逻辑连接。数据链路层(Data Link Layer)可实现实体间数据的可靠传送,通过物理层建立起来的链路,将具有一定意义和结构的信息正确地在实体之间进行传输,同时为其上面的网络层提供有效的服务。在数据链路层中,对物理链路上产生的差错进行检测和校正,采用差错控制技术来保证数据通信的正确性;数据链路层还提供流量控制服务,以保证发送方不至于因为速度快而导致接收方来不及正确接收数据。数据链路层的数据单位是帧。

数据链路层的功能是实现系统实体间二进制信息块的正确传输,为网络层提供可靠无差错的数据信息。在数据链路层中,需要解决的问题包括信息模式、操作模式、差错控制、流量控制、信息交换过程控制和通信控制规程等,如图 2-5 所示。

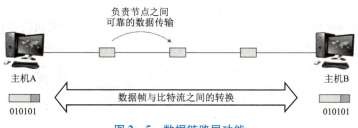

图 2－5　数据链路层功能

3. 网络层

网络层（Network Layer）也称通信子网层，是高层协议与低层协议之间的界面层，用于控制通信子网的操作，是通信子网与资源子网的接口。网络层的主要任务是提供路由，为数据包的传送选择一条最佳路径。此外，网络层还具有拥塞控制、信息包顺序控制及网络记账等功能。网络层交换的数据单元是分组或数据包。

网络层的功能是向传输层提供服务，同时接受来自数据链路层的服务。其主要功能是实现整个网络系统内的连接，为传输层提供整个网络范围内两个终端用户之间数据传输的通路。它涉及整个网络范围内所有节点、通信双方终端节点和中间节点几方面的相互关系。因此，网络层提供建立、保持和释放通信连接手段，包括交换方式、路径选择、流量控制、拥塞和死锁等，如图 2-6 所示。

图 2－6　网络层功能

4. 传输层

传输层（Transport Layer）建立在网络层和会话层之间，实质上它是网络体系结构中高低层之间衔接的一个接口层。传输层不仅是一个单独的结构层，也是整个分层体系协议的核心，如果没有传输层，整个分层协议就没有意义。

传输层获得下层提供的服务包括：发送和接收顺序正确的数据块分组序列，并用其构成传输层数据；获得网络层地址，包括虚拟信道和逻辑信道。传输层向上层提供的服务包括无差错的有序的报文收发，提供传输连接，进行流量控制。

传输层的功能是从会话层接收数据，根据需要把数据切成较小的数据片，并把数据送给网络层，确保数据片正确到达网络层，从而实现两层间数据的透明传送，如图 2-7 所示。

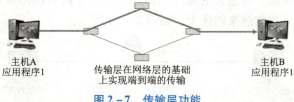

图 2－7　传输层功能

5. 会话层

会话层（Session Layer）用于建立、管理及终止两个应用系统之间的会话，它是用户连接到网络的接口，其基本任务是负责两主机间原始报文的传输，如图2-8所示。

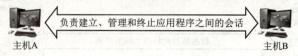

图2-8 会话层功能

会话层为表示层提供服务，包括数据交换、隔离服务、交互管理、会话连接同步和异常报告，同时接受传输层的服务。为实现在表示层实体之间传送数据，会话连接必须被映射到传输连接上。

会话层的功能包括会话层连接到传输层的映射、会话连接的流量控制、数据传输、会话连接恢复与释放、会话连接管理、差错控制。会话层最重要的特征是数据交换。与传输连接相似，一个会话分为建立链路、数据交换和释放链路3个阶段。

6. 表示层

表示层（Presentation Layer）向上对应用层提供服务，向下接受来自会话层的服务。表示层是为应用过程之间传送的信息提供表示方法的服务，它关心的只是发出信息的语法与语义。表示层要完成某些特定的功能，主要有不同数据编码格式的转换，提供数据压缩、解压缩服务，对数据进行加密、解密，如图2-9所示。

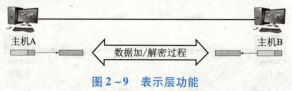

图2-9 表示层功能

表示层为应用层提供的服务包括语法选择、语法转换等。语法选择是提供一种初始语法和以后修改这种选择的手段。语法转换涉及代码转换和字符集的转换、数据格式的修改及对数据结构操作的适配。

7. 应用层

应用层（Application Layer）是通信用户之间的窗口，为用户提供网络管理、文件传输、事务处理等服务。其中包含了若干个独立的、用户通用的服务协议模块。网络应用层是OSI参考模型的最高层，为网络用户之间的通信提供专用的程序。应用层的内容主要取决于用户各自的需要，这一层涉及的主要问题是分布数据库、分布计算技术、网络操作系统和分布操作系统、远程文件传输、电子邮件、终端电话及远程作业登录与控制等。目前，应用层在国际上几乎没有完整的标准，是一个范围很广的研究领域。在OSI参考模型的7个层次中，应用层是最复杂的，所包含的应用层协议也很多。随着网络应用越来越广泛，应用层协议也越来越丰富，功能越来越强大，如图2-10所示。

图2-10 应用层功能

2.2.3　OSI 参考模型数据传输过程

在 OSI 模型中，同等实体间所传输的数据称为协议数据单元（Protocol Data Unit，PDU）。如图 2-11 所示，在 OSI 互联参考模型中，当一台主机需要传送用户的数据（Data）时，数据首先通过应用层的接口进入应用层。在应用层，用户的数据被加上应用层的报头（Application Header，AH），形成应用层协议数据单元，然后被递交到下一层的表示层。报头及报尾是指对等层之间相互通信所需的控制信息，增加报头（报尾）的过程称为封装。表示层并不"关心"上层应用层的数据格式，而是把整个应用层递交的数据包看成是一个整体进行封装，即加上表示层的报头（Presentation Header，PH），然后递交到下一层的会话层。同样，会话层、传输层、网络层、数据链路层也都要分别给上层递交下来的数据加上自己的报头。它们是会话层报头（Session Header，SH）、传输层报头（Transport Header，TH）、网络层报头（Network Header，NH）和数据链路层报头（Data link Header，DH）。其中，数据链路层还要给网络层递交的数据加上数据链路层报尾（Data link Termination，DT）形成最终的一帧数据。

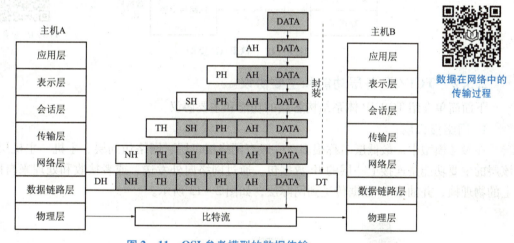

图 2-11　OSI 参考模型的数据传输

当一帧数据通过物理层传送到目的主机的物理层时，该主机的物理层把它递交到上层数据链路层。数据链路层负责去掉数据帧的帧头部和帧尾部（同时还进行数据校验）。如果数据没有出错，则递交到上层网络层。同样，网络层、传输层、会话层、表示层、应用层也要做类似的工作。最终，原始数据被递交到目的主机的具体应用程序中。

2.3　TCP/IP 参考模型

TCP/IP 参考模型是计算机网络的祖父 ARPANET 和其后继的因特网使用的参考模型。ARPANET 是由美国国防部 DoD（U.S. Department of Defense）赞助的研究网络。逐渐地，它通过租用的电话线连接了数百所大学和政府部门。当无线网络和卫星出现以后，现有的协议在和它们相连的时候出现了问题，所以需要一种新的参考体系结构。这个体系结构在它的两个主要协议出现以后，被称为 TCP/IP 参考模型（TCP/IP reference model）。

2.3.1 TCP/IP 参考模型

TCP/IP 参考模型是首先由 ARPANET 所使用的网络体系结构,这个体系结构在它的两个主要协议出现以后被称为 TCP/IP 参考模型。TCP/IP 参考模型也采用分层体系结构,它与开放系统互联 OSI 参考模型的层次结构相似,它可分为 4 层,由下而上依次为网络接口层、网际层(IP 层)、传输层(TCP 层)和应用层。TCP/IP 分层模型如图 2-12 所示。

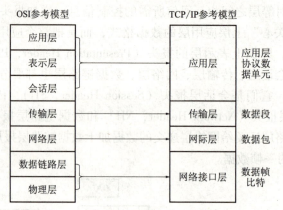

TCP/IP 参考模型

图 2-12 TCP/IP 模型

2.3.2 TCP/IP 各层功能和主要协议

下面简单介绍 TCP/IP 体系结构各层的功能和主要协议。

1. 网络接口层

在参考模型中,最低层名称很多,一般有网络接口层、网络访问层、主机-主机层等。该层的主要功能是连接上一层的 IP 数据包,通过网络向外发送,或者接收和处理来自网络上的物理帧,并抽取 IP 数据传送到网际层,如图 2-13 所示。

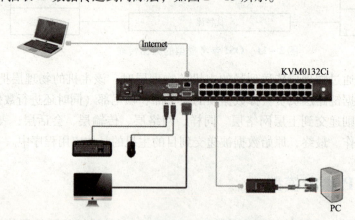

图 2-13 网络接口层连接示意图

TCP/IP 的网络接口层包括各种物理网络协议,如以太网、令牌环网、帧中继、综合业务数字网(Integrated Services Digital Network,ISDN)和分组交换网 X.25 等。当各种物理网被用作传送 IP 数据包的通道时,就可以认为其属于这一层的内容。

2. 网际层（IP 层）

网际层主要解决计算机之间的通信问题，它负责独立地将分组从源主机送往目的主机，涉及为分组提供最佳路径选择和交换功能。它是 Internet 通信子网的最高层，它所提供的是不可靠的无连接数据报机制（无连接服务的含义：发送端简单地把信息包发送到网络上，在传送信息包之前，发送端和接收端没有沟通的过程，也没有对方来确认，因而不知道目的地是否接收到。无连接服务和面向连接服务是相对的），无论传输是否正确，不做验证，不发确认，也不保证分组的正确顺序。网际层功能如图 2-14 所示。

图 2-14 网际层功能

IP 层主要有以下协议。

互联网络协议（Internet Protocol，IP）：使用 IP 地址确定收发端，提供端到端的"数据包"传递，也是 TCP/IP 协议簇中处于核心地位的一个协议。

网络控制报文协议（Internet Control Message Protocol，ICMP）：处理路由，协助 IP 层实现报文传送的控制机制，提供错误和信息报告。

地址解析协议（Address Resolution Protocol，ARP）：将网际层地址转换为网络接口层地址，提供将 IP 地址解析为介质访问控制（Media Access Control，MAC）地址服务。

逆向地址解析协议（Reverse Address Resolution Protocol，RARP）：将网络接口层地址转换为网际层地址，将 MAC 地址解析为 IP 地址。

3. 传输层（TCP 层）

传输层的作用与 OSI 互联参考模型中传输层的作用类似，即在源节点和目的节点的两个对等实体间提供可靠的端到端的数据通信。为保证数据传输的可靠性，传输层协议也提供了确认、差错控制和流量控制等机制。另外，由于在一般计算机中常常是多个应用进程同时访问网络，所以传输层还提供不同应用进程的标识，如图 2-15 所示。

图 2-15 传输层功能

传输层主要有以下协议。

TCP 协议（传输控制协议）：提供可靠的面向连接的数据传输服务。

UDP 协议（用户数据报协议）：采用无连接数据报传送方式，用于一次传输少量信息的情况，如数据查询等，当通信子网相当可靠时，UDP 协议的优越性尤为突出。

4. 应用层

应用层涉及为用户提供网络应用，并为这些应用提供网络支撑服务。由于 TCP/IP 参考模型将所有与应用相关的内容都归为一层,所以在应用层要处理高层协议、数据表达和会话控制等任务。应用层包括了众多的应用与应用支撑协议,随着网络应用的不断发展,应用层协议也在不断地发展与完善,如图 2-16 所示。

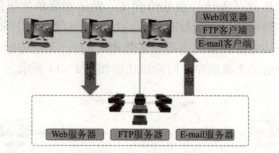

图 2-16 应用层功能

目前,常见的应用层协议主要有以下几种。

FTP(文件传输协议):为文件传输提供了途径,它允许文件从一台主机传送到另一台主机上(我们用的 QQ 传送文件就用到这个协议),也可以从 FTP 服务器上下载文件,或者向 FTP 服务器上传文件。

HTTP(超文本传输协议):用来访问 WWW 服务器上的各种页面。

DNS(域名服务系统):用于实现将主机域名解析为 IP 地址,以实现 IP 数据包地址封装。

TELNET(远程终端协议):实现互联网中的工作站登录到远程服务器的能力。

SMTP(简单邮件传输协议):实现互联网中电子邮件的传输功能。

NFS(网络文件系统):用于实现网络中不同主机之间的文件共享。

RIP(路由信息协议):用于网络设备之间交换路由信息。

2.4 OSI 参考模型和 TCP/IP 参考模型比较

OSI 参考模型和 TCP/IP 参考模型的相同点是二者均采用层次结构,而且都是按功能分层。OSI 参考模型和 TCP/IP 参考模型的不同点主要有以下几点。

①OSI 参考模型分 7 层,自下而上分为物理层、数据链路层、网络层、传输层、会话层、表示层和应用层,而 TCP/IP 参考模型分 4 层:网络接口层、网际层(IP)、传输层(TCP)和应用层。严格来讲,TCP/IP 参考模型的网间协议只包括下三层,应用程序不算 TCP/IP 的一部分。

②OSI 参考模型层次间存在严格的调用关系,两个(N)层实体的通信必须通过下一层(N-1)层实体实现,不能越级,而 TCP/IP 参考模型可以越过紧邻的下一层直接使用更低层次所提供的服务(这种层次关系常被称为"等级"关系),因而减少了一些不必要的开销,提高了协议的效率。

③OSI 参考模型只考虑用一种标准的公用数据网将各种不同的系统互联在一起,后来认识到互联网协议的重要性,才在网络层划分出一个子层来完成互联作用。而 TCP/IP 参考模型一开始就考虑到多种异构网的互联问题,并将互联网协议 IP 作为 TCP/IP 参考模型的重要组成部分。

④OSI 参考模型开始偏重于面向连接的服务，后来才开始制定无连接的服务标准，而 TCP/IP 参考模型一开始就有面向连接和无连接服务，无连接服务的数据包对于互联网中的数据传送及分组话音通信都是十分方便的。

⑤OSI 参考模型与 TCP/IP 参考模型对可靠性的强调也不相同。对 OSI 参考模型的面向连接服务，数据链路层、网络层和传输层都要检测和处理错误，尤其在数据链路层采用校验、确认和超时重传等措施保证传输可靠性，而且网络和传输层也有类似技术。而 TCP/IP 则不然，TCP/IP 认为可靠性是端到端的问题，应由传输层来解决，因此它允许单个的链路或机器丢失数据或数据出错，网络本身不进行错误恢复，丢失或出错数据的恢复在源主机和目的主机之间进行，由传输层完成。由于可靠性由主机完成，增加了主机的负担。但是，当应用程序对可靠性要求不高时，甚至连主机也不必进行可靠性处理，在这种情况下，TCP/IP 参考模型网络的效率更高。

⑥在两个体系结构中，智能的位置也不相同。OSI 参考模型网络层提供面向连接的服务，将寻找路径、流量控制、顺序控制、内部确认、可靠性等带有智能性的问题都纳入网络服务，留给末端主机的事就不多了。相反，TCP/IP 参考模型则要求主机参与几乎所有网络服务，所以对入网的主机要求很高。

⑦OSI 参考模型开始没有考虑网络管理问题，到后来才考虑这个问题，而 TCP/IP 参考模型有较好的网络管理功能。

任务实施

学习了网络体系结构和网络协议，为了加深对网络体系的理解，掌握数据传输经过不同网络层次的变化情况，使用模拟器软件 Cisco Packet Tracer 来观察数据的封装过程。

1. 创建网络拓扑

本实验模拟通过个人 PC 机访问 Web 服务器来观察数据包的封装方式，因此网络拓扑图中需要一台普通的 PC 和一台 Web 服务器。首先打开 Packet Tracer 文件，在左下角设备区域中选择终端类型的设备，并在右下方选择一台 PC 机和一台 Web 服务器到主工作区，如图 2 - 17 所示。

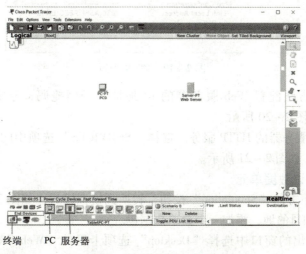

图 2 - 17　选择设备类型

接下来选择交叉线作为 PC 机和服务器的连接线，如图 2-18 所示。

图 2-18 选择交叉线连接

2. 配置设备信息

首先配置 PC 机。单击工作窗口中的 PC 机，出现 PC 的配置窗口，选择"Config"选项卡，并选择"FastEthernet0"接口，将 PC 机的 IP 地址和子网掩码分别设置为 192.168.1.1 和 255.255.255.0，如图 2-19 所示。

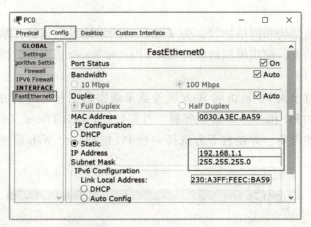

图 2-19 PC 机配置

用同样的操作方法配置 Web 服务器的 IP 地址和子网掩码，分别是 192.168.1.2 和 255.255.255.0，如图 2-20 所示。

然后启用 Web 服务器的 HTTP 服务。选择"SERVICES"选项中的"HTTP"服务，将服务设置为"On"，如图 2-21 所示。

3. 观察各层协议数据单元

单击模拟器右下方的"Simulation"按钮，转换到模拟模式，如图 2-22 所示，分别以 PC 和 Web 作为源和目的地，添加一个简单数据包。

单击 PC，在弹出的窗口中选择"Desktop"选项卡里的"Web Browser"，如图 2-23 所示。

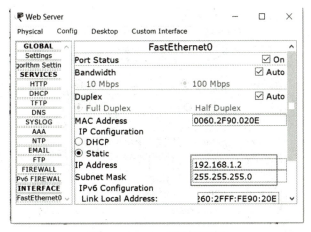

图 2-20 Web 服务器配置

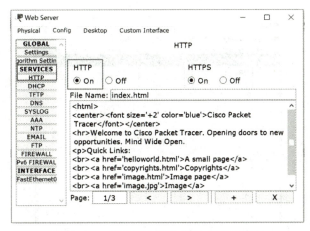

图 2-21 启用 Web 服务器的 HTTP 服务

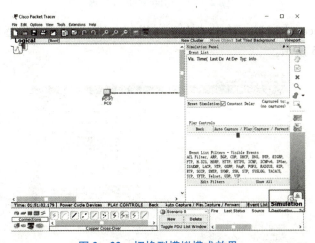

图 2-22 切换到模拟模式效果

打开模拟浏览器后,在地址栏中输入"http://192.168.1.2",单击"Go"按钮,如图 2-24 所示。

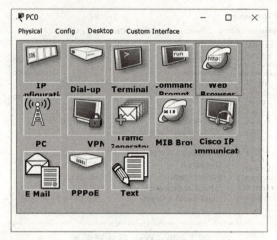

图 2-23 选择"Web Browser"

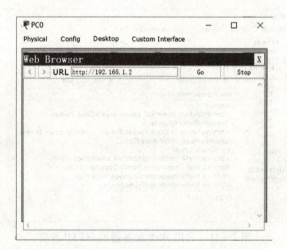

图 2-24 访问 Web 服务器

回到 Packet Tracer 主窗口,单击"Capture/Forword"按钮就可以逐步观察数据包的传输情况,如图 2-25 所示。

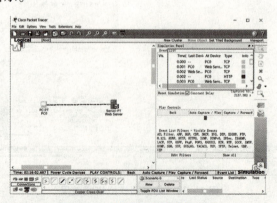

图 2-25 数据包传输捕捉画面

从图 2-25 可以看到 PC 机和 Web 服务器之间完成一次 HTTP 请求所要发送的报文的类

型和所在设备。PC 机向 Web 服务器发送 HTTP 请求之前，先要和 Web 服务器建立 TCP 连接。双击工作窗口中服务器端接收的数据包，可以看到详细的封装信息，如图 2-26 所示。

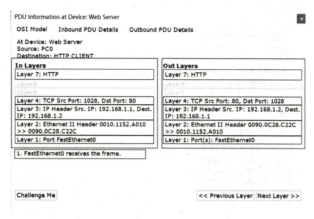

图 2-26　OSI 各层概要信息

"OSI Model"选项卡中列出了各层数据的概要信息，可以看到 HTTP 报文分别在 OSI 参考模型的第七、四、三、二、一层被封装和解封装。单击某一层可以在下方位置看到报文的解释。

图 2-26 所示的对话框中还有"Inbound PDU Details"（入栈 PDU 详细数据）和"Outbound PDU Details"（出站 PDU 详细数据）两个选项卡。以"Outbound PDU Details"菜单为例，可以看到数据包详细的封装信息。最底部的是"HTTP"的信息及应用层信息。"HTTP"信息的上方为"TCP"信息，即传输层信息。其中，TCP 数据段信息中的 DATA 部分即为 HTTP 的信息，其余部分为头部信息，如图 2-27 所示。

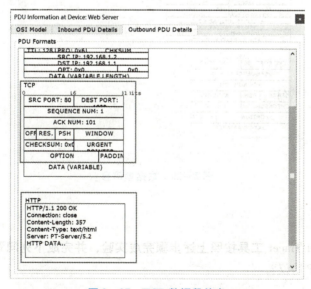

图 2-27　TCP 数据段信息

传输层 TCP 的所有信息都会被封装在网络层 IP 数据包的 DATA 中，同时，网络层的 IP 包还增加了网络层的头部信息，如图 2-28 所示。

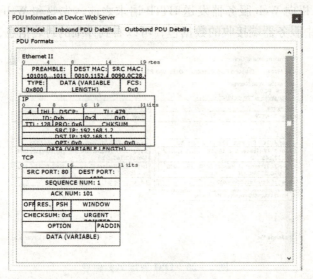

图 2-28　IP 数据包信息

网络层的信息到达数据链路层后，被全部封装在了数据链路层的数据帧 DATA 中，同时还增加了数据链路层的头部和尾部信息，如图 2-29 所示。

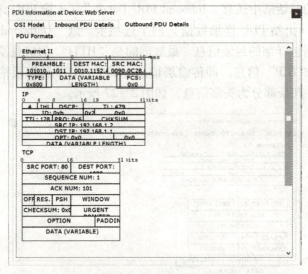

图 2-29　数据帧信息

小试牛刀

熟练使用 Packet Tracer 工具按照上述步骤完成实验，并完成下列问题。

1. 什么是 HTTP 协议？

_____

_____

_____

2. 数据的封装和解封装指的是什么?

3. 数据在 PC 机和 Web 服务器之间的传输过程是怎样的?

大显身手

一、选择题

1. (　　) 是控制通信交换的规则。
   A. 介质　　　B. 准则　　　C. 协议　　　D. 以上 3 项都是

2. 数据通信网络的性能依赖于 (　　)。
   A. 用户数　　B. 传输介质　　C. 硬件和软件　　D. 以上 3 项都是

3. 数据通信系统中传输的信息称为 (　　)。
   A. 介质　　　B. 协议　　　C. 报文　　　D. 传输

4. 假如网络协议定义数据的传输率是 100 Mb/s,这是 (　　) 问题。
   A. 语法　　　B. 语义　　　C. 定时　　　D. 以上 3 项都不是

5. 报文的端到端传递由 (　　) 层负责。
   A. 网络　　　B. 传输　　　C. 会话　　　D. 表示

6. 在 (　　) 层中的数据称为帧。
   A. 物理　　　B. 数据链路　　C. 网络　　　D. 传输

7. 下面 (　　) 是应用层服务。
   A. 网络虚终端　　　　　　B. 文件传送、访问、管理
   C. 邮件服务　　　　　　　D. 以上 3 项都是

8. 在开放系统互联环境中,两个 N 层实体进行通信,可能用到的服务是 (　　)。
   A. N-1 层提供的服务　　　B. N 层提供的服务
   C. N+1 层提供的服务　　　D. 以上都不是

9. 在 NetMeeting 中,在讲话时可以清晰地听到其他人的声音,这一功能是由 OSI 参考

模型中的（　　）完成的。

　　A. 应用层　　　B. 表示层　　　C. 会话层　　　D. 传输层

10. 一台网络打印机在打印时，突然收到一个错误的指令，即要打印头回到本行的开始位置，这个差错发生在 OSI 参考模型中的（　　）。

　　A. 传输层　　　B. 表示层　　　C. 会话层　　　D. 应用层

11. 在封装过程中，加入的地址信息是指（　　）。

　　A. 物理地址　　　　　　　　B. IP 地址

　　C. 网络服务访问点　　　　　D. 根据具体协议来定

12. 下列关于 TCP 和 UDP 的描述，正确的是（　　）。

　　A. TCP 和 UDP 都是无连接的

　　B. TCP 是无连接的，UDP 面向连接

　　C. TCP 适用于可靠性较差的广域网，UDP 适用于可靠性较高的局域网

　　D. TCP 适用于可靠性较高的局域网，UDP 适用于可靠性较差的广域网

13. IP 层的功能不包括（　　）。

　　A. 无连接的数据包传输　　　B. 数据包路由选择

　　C. 差错处理　　　　　　　　D. 提供可靠连接

14. 下面关于 IP 的说法，不正确的是（　　）。

　　A. IP 层是通信子网的最高层　　　B. IP 数据包不保证数据传输的可靠性

　　C. IP 协议是端对端的　　　　　　D. IP 提供无连接的数据包传输机制

15. TCP 是一种（　　）协议。

　　A. 面向连接　　　B. 无连接　　　C. 不可靠的　　　D. 尽力投递的

二、问答题

1. 物理层的基本功能是什么？需要解决的基本问题有哪些？

2. OSI 参考模型中划分网络层次的原则是什么？

3. TCP/IP 参考模型分为几层？各层的功能如何？各层包含的主要协议有哪些？

4. 将下列各项匹配到 OSI 7 层中的一层。

（1）路由判定。

（2）流量控制。

（3）外部接口。

（4）最终用户访问网络提供者。

（5）ASCII 码变换到 EBCDIC 码。

（6）分组交换。

_____

_____

5. 简述 OSI 参考模型和 TCP/IP 参考模型的异同。

_____

_____

_____

6. 请描述在 OSI 参考模型中数据传输的基本过程，并提出在物理层、数据链路层、网络层和传输层的数据传送单元分别是什么。

_____

_____

_____

_____

任务 2　设备通信协议解析

学习目标

知识目标	能力目标	素质目标
◇ 了解 Modbus、PROFIBUS、PROFINET、OPC 通信协议 ◇ 了解 Modbus、PROFIBUS、PROFINET、OPC 通信协议的区别及应用场合	◇ 能读懂 Modbus、PROFIBUS、PROFINET、OPC 通信协议各字段含义	◇ 培养学生团结合作精神 ◇ 引导学生遵守社会法制

任务分析

工业控制已从单机控制走向集中监控、集散控制，如今已进入智能化时代。工厂之中运用了各类的智能设备，可以使用自动化软件来管理与监控这些智能设备，设备和设备之间也能互相通信。定义它们之间的通信、互相之间的应答，都需要通信协议。这些通信协议是什么？协议里面制定了什么通信规则？通信协议如何解析成用户能看得懂的数据？带着这些问题，我们来一起学习一下设备通信协议。

 知识精讲

2.5 Modbus 通信协议

2.5.1 Modbus 协议概述

Modbus 是由 Modicon 公司（现在的施耐德电气）在 1970 年发明的一种串行通信协议，广泛应用于当今工业控制领域的通用通信协议。通过 Modbus 协议，控制器相互之间、控制器经由网络（例如以太网）和其他设备之间可以通信。

Modbus 协议使用的是主从通信技术，即由主设备主动查询和操作从设备。一般将主控设备方所使用的协议称为 Modbus Master，从设备方使用的协议称为 Modbus Slave。典型的主设备包括工控机和工业控制器等；典型的从设备如 PLC 可编程控制器等。

ModBus 网络是一个工业通信系统，它可以通过任何传输媒介进行通信，其中包括双绞线、无线通信、光导纤维、以太网、电话调制解调器、移动电话以及微波等。我们可以很轻松地在一个新的或者是现有的网络上建立起 Modbus 连接。目前大部分企业利用现有的双绞线实现 Modbus 数字通信。

Modbus 的工作方式是请求/应答，每次通信都是主站先发送指令，可以是广播，或是向特定从站的单播；从站响应指令，并按要求应答，或者报告异常。当主站不发送请求时，从站不会自己发出数据，从站和从站之间不能直接通信。

Modbus 通信物理接口可以选用串口，如 RS232、RS485 和 RS422，也可以选择以太网口。其通信遵循以下的过程：

①主设备向从设备发送请求。
②从设备分析并处理主设备的请求，然后向主设备发送结果。
③如果出现任何差错，从设备将返回一个异常功能码。

Modbus 协议定义了一个控制器能认识和使用的消息结构，而不管它们是经过何种网络进行通信的。不同类型的 Modbus 协议，有不同的消息结构，但所有的消息都描述了控制器请求访问其他设备的过程，以及如何回应来自其他设备的请求，怎样侦测错误并记录。

Modbus 协议是应用层（协议层）报文传输协议，它定义了一个与物理层无关的协议数据单元（PDU），即 PDU = 功能码 + 数据域。见表 2 – 1。

表 2 – 1　Modbus 协议数据单元

功能码	数据域
1 个字节	长度不确定

Modbus 协议的报文(或帧)的基本格式是：表头 + 功能码 + 数据区 + 校验码，见表 2 – 2。

表2-2　Modbus 协议的报文基本格式

表头	功能码	数据域	校验码
长度不确定	1个字节	长度不确定	长度不确定，一般2个字节

　　功能码和数据区在不同类型的网络都是固定不变的，表头和校验码则因网络底层的实现方式不同而有所区别。表头包含了从站的地址，功能码告诉从站要执行何种功能，数据区是具体的信息。

　　常用功能码见表2-3。

表2-3　常用功能码

功能码	具体操作
01（0x01）	读线圈
02（0x02）	读离散量输入
03（0x03）	读保持寄存器
04（0x04）	读输入寄存器
05（0x05）	写单个线圈
06（0x06）	写单个寄存器
15（0x0F）	写多个线圈
16（0x10）	写多个寄存器

　　当在 Modbus 网络上通信时，Modbus 协议决定了每个控制器需要知道它们的设备地址，然后按地址发来的消息，决定要产生何种行动。如果需要回应，控制器将生成反馈信息并用 Modbus 协议发出。

> **想一想**
>
> 　　大家都明白红灯停、绿灯行的交通规则，在数字时代，物物相连，相互通信也需要遵守相应的规则。我们要做一名守法公民。

2.5.2　Modbus 协议分类

　　常见的 Modbus 协议有三种类型，分别是 Modbus RTU、Modbus ASCII、Modbus TCP/IP。Modbus RTU 和 Modbus ASCII 则是使用异步串行传输（通常使用的接口是 RS-232/422/485），Modbus TCP 是基于以太网和 TCP/IP 协议的。

1. Modbus RTU

　　当控制器设为在 Modbus 网络上以 Modbus RTU 模式通信时，在消息中的每个 8 B 包含两个 4 B 的十六进制字符。这种方式的主要优点是：在同样的波特率下，可比 ASCII 方式传送更多的数据。

　　从机都有相应的地址码，便于主机识别，从机地址为 0~255，0 为广播地址，248~255 保留。总线上只能有一个主设备，但可以有一个或者多个（最多 247 个）从设备。其消息帧格式见表 2-4。

表 2-4 Modbus RTU 消息帧格式

地址码	功能码	数据	校验码
1 B	1 B	N B	2 B（CRC）

Modbus RTU 消息帧案例分析：

假设主站发送 "09 03 00 04 00 03 87 02"，主站向从站发送读取指令。其中，"09" 是从站地址，"03" 是读寄存器的功能码，"00 04 00 03" 是数据区，"00 04" 是寄存器的地址，"00 03" 说明要连续读三个寄存器的值，即读取的地址偏移为 4、5、6 的寄存器的数值。"87 02" 代表最后的校验位。

2. Modbus ASCII

当控制器设为在 Modbus 网络上以 Modbus ASCII（美国标准信息交换代码）模式通信时，消息中的每个 8 B 都作为两个 ASCII 字符发送。

其消息帧格式见表 2-5。

表 2-5 Modbus ASCII 消息帧格式

起始	地址码	功能码	数据	校验	回车换行
字符":"	2 B	2 B	0~2×252 B	2 B（LRC 校验）	2 B（CR, LF）

消息帧以英文冒号 ":"（3A）开始，以回车（0D）和换行（0A）结束。网络中的从设备监视传输通路上是否有英文冒号 ":"，如果有，就对消息帧进行解码。查看消息中的地址是否与自己的地址相同，如果相同，就接收其中数据；如果不同，就不予理会。

ASCII 码主要用于计算机领域，在国内工业控制中很少采用 ASCII 码作为标准，所以 Modus ASCII 在国内的工业控制领域运用很少。

RTU 和 ASCII 的区别如下：

①RTU 模式下，一个字节的数据传输的就是一个字节。ASCII 模式下，同样一个字节数据用了两个字节来传输。例如，要传输数字 0x5B，RTU 传输的是 01011011（二进制），而 ASCII 传输的是 00110101 和 01000010。可见，ASCII 传输的速率是 RTU 的一半。

②ASCII 模式采用 LRC 校验，RTU 模式采用 16 位 CRC 校验。

③ASCII 有开始标记和结束标记，RTU 没有。

3. Modbus TCP/IP

Modbus TCP/IP 是运行在 TCP/IP 上的 Modbus 报文传输协议。通过此协议，控制器相互之间通过网络（如以太网）和其他设备之间可以通信。

Modbus 协议在以太网中使用时，支持 Ethernet Ⅱ 和 802.3 两种帧格式，并引入一些附加域映射成应用数据单元，Modbus TCP 数据帧包含报文头、功能代码和数据 3 部分，如图 2-30 所示。

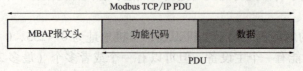

图 2-30 Modbus TCP/IP 数据帧格式

2.6 PROFIBUS 通信协议

PROFIBUS 是程序总线网络的简称，是一种用于工厂自动化车间级监控和现场设备层数据通信与控制的现场总线技术，由西门子公司提出并极力倡导，已先后成为德国国家标准 DIN19245 和欧洲标准 EN50170，是一种开放而独立的总线标准，在机械制造、工业过程控制、智能建筑中充当通信网络。

PROFIBUS 由三个兼容部分组成：PROFIBUS – DP、PROFIBUS – PA、PROFIBUS – FMS。主要使用主 – 从方式，通常周期性地与传动装置进行数据交换。

1. PROFIBUS – DP

这是一种高速低成本通信，用于设备级控制系统与分散式 I/O 的通信。使用 PROFIBUS – DP 可取代办 24 VDC 或 4~20 mA 信号传输。

2. PORFIBUS – PA

专为过程自动化设计，可使传感器和执行机构连在一根总线上，并有本征安全规范。

3. PROFIBUS – FMS

用于车间级监控网络，是一个令牌结构，实时多主网络。

2.7 PROFINET 通信协议

PROFINET 是一个开放式的工业以太网通信协定，由西门子公司和 PROFIBUS & PROFINET 国际协会所提出。PROFINET 是基于以太网的，所以可以有以太网的星型、树型、总线型等拓扑结构，而 PROFINET 只有总线型。

PROFINET 是适用于不同需求的完整解决方案，其有实时通信、分布式现场设备、运动控制、分布式自动化、网络安装、IT 标准和信息安全、故障安全和过程自动化 8 个主要的模块。

PROFINET 支持三种通信方式，分别是 TCP/IP 标准通信、实时通信、等时同步实时通信。

为保证通信实时性，需对信号传输时间做精确计算。当然，不同现场应用对通信系统实时性有不同要求，在衡量系统实时性时，使用响应时间作为一个标尺。根据响应时间不同，PROFINET 支持 3 种通信方式：

1. TCP/IP 标准通信

PROFINET 基于工业以太网技术，使用 TCP/IP 和 IT 标准。TCP/IP 是 IT 领域关于通信协议方面事实上的标准，其响应时间大概在 100 ms 量级，对于工厂控制级应用来说，这个响应时间足够。

2. 实时（RT）通信

对于传感器和执行器设备间的数据交换，系统对响应时间要求更为严格，需 5~10 ms。目前，可使用现场总线技术达到，如 PROFIBUS – DP。对于基于 TCP/IP 的工业以太网技术，使用标准通信栈来处理过程数据包需要很可观的时间，因此，PROFINET 提供一个优化的、基于以太网第二层（Layer 2）的实时通信通道，通过该通道，极大减少了数据在通信栈中的处理时间。因此 PROFINET 获得等同甚至超过传统现场总线系统的实时性能。

3. 同步实时（IRT）通信

在现场级通信中，对通信实时性要求最高的是运动控制。伺服运动控制对通信网络提出极高要求，在 100 个节点下，其响应时间要小于 1 ms，抖动误差要小于 1μs，以保证及时、确定的响应。

2.8　OPC 通信协议

OPC 全称是 OLE for Process Control，即用于过程控制的 OLE，为基于 Windows 的应用程序和现场过程控制应用建立了桥梁，是针对现场控制系统的一个工业标准接口，是工业控制和生产自动化领域中使用的硬件和软件的接口标准。OPC 包括自动化应用中使用的一整套接口、属性和方法的标准集，用于过程控制和制造业自动化系统。

OPC 定义了客户程序与服务器程序进行交互的方法，OPC 是为了连接数据源（OPC 服务器）和数据的使用者（OPC 应用程序）之间的软件接口标准，只有软件双方都遵守 OPC 标准规范，软件与软件之间才能实现数据通信。

1. OPC 的设计目的

在控制领域中，系统往往由分散的各子系统构成，并且各子系统往往采用不同厂家的设备和方案。用户需要将这些子系统集成，并架构统一的实时监控系统。这样的实时监控系统需要解决分散子系统间的数据共享，各子系统需要统一协调相应控制指令。再考虑到实时监控系统往往需要升级和调整，就需要各子系统具备统一的开放接口。

OPC 就是为了不同供应厂商的设备和应用程序之间的接口标准化，使其间的数据交换更加简单化而提出的，从而可以向用户提供不依靠于特定开发语言和开发环境的可以自由组合使用的过程控制软件组件产品。OPC 的设计目的最重要的是即插即用，也就是采用标准方式配置硬件和软件接口。一个设备可以很容易地加入现有系统并立即投入使用，不需要复杂的配置，并且不会影响现有的系统。

2. OPC 的优点和不足

与早期的现场设备接口相比，OPC 具有如下几个优点：

①减少了重复开发。
②降低了数据设备间的不兼容。
③降低了系统集成商的开发成本。
④改善性能。

3. OPC 存在的不足

虽然 OPC 接口具有种种优势，但是如果直接通过 OPC 连接实时数据库，依然存在一些问题：

①虽然 OPC 标准中包含了 OPC History 标准，但是多数 OPC 服务器并未给予支持，所以难以为实时数据库提供数据缓存功能。

② OPC 服务器无法提供一些常用的计算功能，如累计、滤波和几个位号相加的综合计算功能，增加了实时数据库的负担，影响了实时数据库的稳定性和鲁棒性。

③OPC 基于微软的 COM/DCOM 体系，在分布式应用中，其所用的 RPC 方式常常与企业级的防火墙发生冲突，不能通过防火墙。

任务实施

任务概况：利用 Modbus TCP 协议采集 CNC 三个轴的实际位置值。

本实验所有操作都是在工业互联网实施与运维实训平台上完成的，所选用的网关是 Hanyun – Box – CNC。网关 NET0 IP 已实现配置好，IP 是 192.168.0.15，端口号为 9080，NET1 未使用。现只需配置采集的设备（CNC）及变量（机床 X 轴、Y 轴、Z 轴位置数据）。

步骤 1：登录网关盒子，在菜单下选择"采集配置"→"设备配置"，单击"添加"按钮，如图 2 – 31 所示。

图 2 – 31　网关盒子

步骤 2：在设备清单中选择设备型号。本次以 Modbus TCP 为例进行设置，选择"Modbus"，如图 2 – 32 所示。

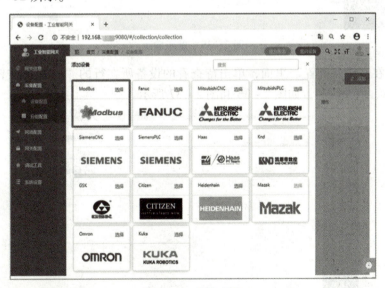

图 2 – 32　添加设备

步骤3：创建 Modbus 页面，根据实际情况，配置是否启用、设备编号、设备型号、采集周期、变量间隔、地址、端口号、内存布局、起始地址等信息。具体配置参数如图2-33所示。

图 2-33　创建 Modbus 页面

步骤4：在"自定义变量"下单击"添加"按钮，配置数据类型、变量名、变量地址、位地址、功能码变量信息。本任务需采集机床 X 轴、Y 轴、Z 轴位置实际值，故功能码为04（具体可查询表2-3常用功能码），如图2-34所示。

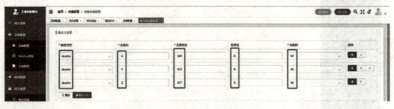

图 2-34　添加查看变量

步骤5：自定义变量添加完成后，单击"保存"按钮，单击"重启服务"按钮，如图2-35所示。

图 2-35　重新启动

步骤6：在"设备配置"里面，单击待查看的设备所在行的"日志"按钮，可以查看设备变量名称、值及时间，如图2-36和图2-37所示。

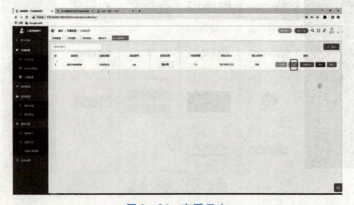

图 2-36　查看日志

图 2-37 查看设备采集信息

通过以上步骤,可以在工业智能网关中添加设备并查看到 CNC 的 X 轴、Y 轴、Z 轴实际位置,后续还需进行相关配置,实现将数据上云,具体操作详见工业互联网实施与运维实训平台操作手册。

大显身手

一、选择题

1. Modbus 决定数据通信的是(　　)。

A. 智能从站　　　B. DP 从站　　　C. 主站　　　D. 中继器

2. PROFIBUS 协议支持的网络拓扑结构是(　　)。

A. 总线型　　　B. 星型　　　C. 树型　　　D. 网状型

二、简答题

1. 简述 PROFIBUS 协议与 PROFINET 协议的区别。

2. 请谈谈自己对 OPC 协议的理解。

3. 假设主机对从机发送一条如下指令：

01	06	0001	0017	9804
从机地址	功能号	数据地址	数据	CRC 校验

回答下列问题：

① 该指令的主要内容有哪些？

_____
_____
_____
_____

② 从机收到该指令后，需要执行哪些操作？

_____
_____
_____
_____

项目三

工业网络技术基础

项目引入

无论是工业网络还是普通计算机网络数据的传输,都需要有"传输媒介",这好比汽车必须在道路上行驶一样,道路有高速公路、国道、省道、县道、乡道。道路质量的好坏会影响到行车是否安全、舒适。

同样,不同种类的"网络传输媒介"也会影响工业网络或普通计算机网络整体的系统响应时间、数据传输的质量,如何保证将数据有效、安全、稳定地传输是本环节要解决的首要问题。

传输媒介主要有两大类:有线、无线。本项目主要通过对"双绞线""同轴电缆""光纤""无线电波""微波""红外线"不同种类的通信介质的讲述,让读者在组建计算机网络时,可以根据实际工作需求,为自己的数据传输提供有效、安全、稳定的保障。

知识图谱

项目三知识图谱如图 3-1 所示。

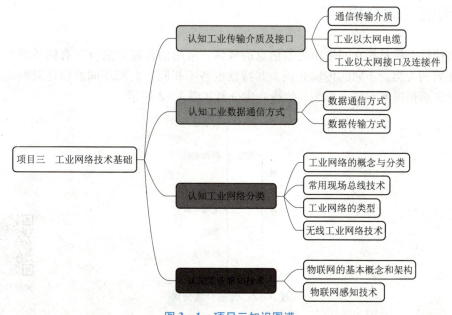

图 3-1 项目三知识图谱

任务 1 认知工业传输介质及接口

学习目标

知识目标	能力目标	素质目标
◇ 理解几种常见的传输介质的功能 ◇ 掌握常见传输介质的端接方法 ◇ 了解常见通信接口	◇ 能够掌握常见的传输介质的端接标准 ◇ 能够区分常见的计算机通信接口	◇ 教育学生在学习、工作中需要凝聚力、精益求精 ◇ 培养学生的工匠精神

任务分析

网络传输介质是网络中发送方与接收方之间的物理通路，它对网络的数据通信具有一定的影响。在一个完整、稳定的网络环境中，传输介质的选择以及正确的应用，是网络"长治久安"运行下去的基础。选择不同的传输介质为数据传输提供有效、安全、稳定的保障是组建网络的基础。

下面通过讲述传输介质的分类、性能、标准及不同端口的用法，并通过双绞线端接任务的实践来加深对数据传输的载体——传输介质的理解。

知识精讲

3.1 通信传输介质

网络传输介质是指在网络中传输信息的载体，常用的传输介质分为有线传输介质和无线传输介质两大类。不同的传输介质，其特性也各不相同，它们不同的特性对网络中数据通信质量和通信速度有较大影响。传输介质分类如图 3-2 所示。

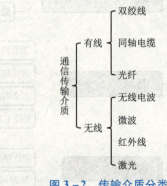

图 3-2 传输介质分类

通信传输介质

3.1.1 有线传输介质

有线传输介质是指在两个通信设备之间实现的物理连接部分,它能将信号从一方传输到另一方,有线传输介质主要有双绞线、同轴电缆和光纤。双绞线和同轴电缆传输电信号,光纤传输光信号。

1. 双绞线

由两条互相绝缘的铜线组成,其典型直径为 1 mm。这两条铜线拧在一起,就可以减少邻近线对电气的干扰。双绞线既能用于传输模拟信号,也能用于传输数字信号,其带宽取决于铜线的直径和传输距离。双绞线可以分为非屏蔽双绞线(UTP)和屏蔽双绞线(STP)两种,如图 3-3 所示。

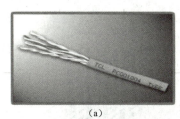
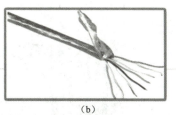

(a)　　　　　　　　　　　　(b)

图 3-3　双绞线的分类

(a) UTP;(b) STP

(1)双绞线外皮文字标识

双绞线电缆的外部护套上通常会在每隔 2 英尺①印有一些标识,不同厂商的标识略有不同。但主要标识为双绞线类型、NEC/UL 防火测试和级别、CSA 防火测试、长度标志、生产日期、双绞线的生产商、产品编码。例如:

QUP BROADBAND 3081004 4/24 ENHANCED CAT.5E UTP CM(UL)C(UL)VERIFIED TIA/EIA 568B 87164914FT

QUP BROADBAND:双绞线的品牌。

3081004:产品的型号。

4/24:4 对 24AWG 双绞线(AWG 即 American Wire Gauge,是美制电线标准的简称)。

ENHANCED:增强型(加强型)。

CAT.5E:Catagory 5 Enhanced,超五类双绞线。

UTP:Unshielded Twisted Paired,非屏蔽双绞线。

CM:是指通信通用电缆,CM 是 NEC(美国国家电气规程)中防火耐烟等级中的一种。

UL:Underwriters Laboratories Inc.,保险业者实验室的标准要求。UL 成立于 1984 年,是一家非营利的独立组织,致力于产品的安全性测试和认证。

CM(UL)C(UL)VERIFIED:说明双绞线满足 UL 的标准要求和 NEC(美国国家电气规程)中防火耐烟等级要求。

TIA/EIA 568B:TIA 是电信工业联盟英文简写,EIA 是电子工业联盟的简写,TIA/EIA 568B 是他们共同制定的布线标准。

87164914FT:双绞线的长度点,FT 为英尺的缩写。

---

① 1 英尺 = 0.304 8 米。

（2）双绞线的线序标准

双绞线的线序标准分为 A、B 两种，一种是 568A 标准，一种是 568B 标准，如图 3-4 所示。

568A 排线顺序：绿白、绿、橙白、蓝、蓝白、橙、棕白、棕。

568B 排线顺序：橙白、橙、绿白、蓝、蓝白、绿、棕白、棕。

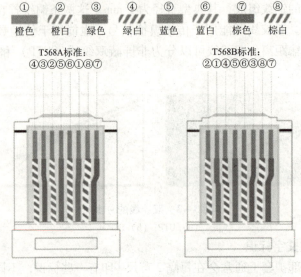

图 3-4　双绞线线序标准

对于 568A 和 568B，二者没有本质的区别，只是颜色上的区别，本质的问题是要保证：

1、2 线对是一个绕对；

3、6 线对是一个绕对；

4、5 线对是一个绕对；

7、8 线对是一个绕对。

①直连线。直连线用于将计算机连入 Hub 或者交换机的以太网端口，或在结构化布线中由计算机连接到信息插座，或由配线架连接到交换机等不同种设备的连接。图 3-5 给出了 T568B 标准端子的直连线线序排序。

②交叉线。交叉线用于计算机与计算机直接连接、交换机与交换机直接连接、路由器与路由器直接连接、计算机连接到路由器的以太网接口等同种设备的连接。交叉线一端排列顺序为 T568B，另一端排列顺序为 T568A，如图 3-6 所示。

图 3-5　T568B 直连线线序　　　　　图 3-6　交叉线排线顺序

注意：目前的网络或者终端设备的网络接口基本上都可以自适应，但交叉线与直连线的区别也是需要掌握的。

2. 同轴电缆

同轴电缆（Coaxial Cable）是一种电线及信号传输线，一般由四层物料组成：最内里是一条导电铜线，线的外面有一层塑胶（作绝缘体、电介质之用）围拢，绝缘体外面又有一层薄的网状导电体（一般为铜或合金），导电体外面是绝缘物料作为外皮，如图3-7所示。

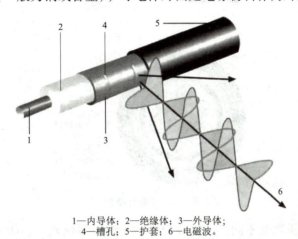

1—内导体；2—绝缘体；3—外导体；
4—槽孔；5—护套；6—电磁波。

图3-7 同轴电缆

同轴电缆可用于模拟信号和数字信号的传输，适用于各种各样的应用，其中最重要的有电视传播、长途电话传输、计算机系统之间的短距离连接以及局域网等。

同轴电缆可分为两种基本类型：基带同轴电缆和宽带同轴电缆。

（1）基带同轴电缆

基带同轴电缆的屏蔽层通常是用铜做成的网状结构，其特征阻抗为50Ω。该电缆用于传输数字信号，常用的型号一般有RG-8（粗缆）和RG-58（细缆）。粗缆与细缆最直观的区别在于电缆直径不同。粗缆适用于比较大型的局部网络，它的标准距离长，可靠性高；但是粗缆网络必须安装收发器和收发器电缆，安装难度也大，因此总体造价高。相反，细缆则比较简单，造价较低；但由于安装过程中要切断电缆，因而当接头较多时，容易产生接触不良的隐患。

无论是使用粗缆还是细缆连接的网络，故障点往往会影响到整根电缆上的所有机器，故障的诊断和修复都很麻烦。因此，基带同轴电缆已逐步被非屏蔽双绞线或光缆所取代。

（2）宽带同轴电缆

宽带同轴电缆的屏蔽层通常是用铝冲压而成的，其特征阻抗为75Ω。这种电缆通常用于传输模拟信号，常用型号为RG-59，是有线电视网中使用的标准传输线缆，可以在一根电缆中同时传输多路电视信号。宽带同轴电缆也可用作某些计算机网络的传输介质。

3. 光纤

光纤是光导纤维的简写，是一种可以传输光信号的网络传输介质。与其他传输介质相比，光纤不容易受电磁或无线电频率干扰，所以传输速率较高、带宽较宽、传输距离也较远。同时，光纤也比较轻便，容量较大，本身化学性稳定，不易腐蚀，能适应恶劣环境。

光纤通常用高纯度石英玻璃拉成的细丝作为纤芯，纤芯外面包围着一层折射率比芯低的玻璃封套，俗称包层，包层使光线保持在芯内。再外面的是一层薄的塑料外套，即涂覆层，用来保护包层。光纤通常被扎成束，外面有外壳保护，如图3-8所示。

图3-8　光纤结构

光纤根据传输点模数的不同，可以分为单模光纤和多模光纤。所谓模，是指以一定角度进入光纤的一束光。在多模光纤中，芯的直径是50 μm和62.5 μm两种，大致与人的头发的粗细相当；而单模光纤芯的直径为8~10 μm。芯外面包围着一层折射率比较低的玻璃封套，以使光纤保持在芯内，再外面是一层薄塑料外套，用来保护封套。

多模光纤则采用二极管做光源，允许多束光在光纤中同时传输。多模光纤纤芯粗，传输速率低、距离短，整体传输性能差，但其成本低，一般用于建筑物内或地理位置相邻的建筑物间的布线环境。

单模光纤采用固体激光器做光源，只允许一束光传播，纤芯相应比较细，传输频带宽、容量大、传输距离长，但因其需要激光光源，成本较高，通常在建筑物之间或地域分散时使用，如图3-9所示。

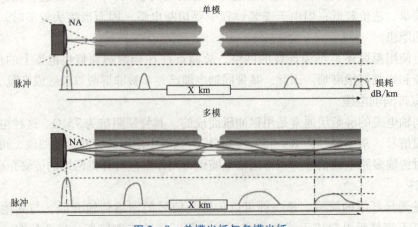

图3-9　单模光纤与多模光纤

3.1.2 无线传输介质

无线传输介质是指信号通过空气传输，信号不能被约束在一个物理导体内。无线传输介质与有线传输介质相比，最大的优点是不需要铺设传输线路，并且允许终端设备在一定范围内移动。对于高山、岛屿或偏远地区，有线传输介质铺设困难，这时无线传输介质就成为有线介质的延长。除此之外，无线传输介质的使用也为大量便携式终端设备接入网络提供了方便。无线传输介质通过空气载体传播，常用的无线通信技术有无线电波、微波、红外线和激光。

1. 无线电波

大气中的电离层是具有离子和自由电子的导电层，无线电波就是利用地面发射的电波通过电离层的反射，或电离层与地面的多次反射而到达接收端的一种远距离通信方式。电离层的高度在地面以上数十千米至上百千米，可分为各种不同的层次，并随季节、昼夜及太阳活动的情况而发生变化。由于电离层的不稳定性，因而无线通信与其他通信方式相比，在质量上存在不稳定性。

无线电波广泛用于室内通信和室外通信。由于无线电波容易产生，传播距离很远，并很容易绕过一般障碍物，而且无线电波是全方向传播的，所以其发射和接收装置不必要求精确对准。

无线电波通信使用的频率一般在 30 MHz ~ 1 GHz，它的传播特性与频率有关。在低频段，无线电波能轻易地绕过一般障碍物，但其能量随着传播距离的增大而急剧递减。在高频段，无线电波趋于直线传播并易受障碍物的阻挡，还会被雨水吸收。而对于所有频率的无线电波，都很容易受到其他电子设备的各种电磁干扰。

2. 微波

微波是指频率为 300 MHz ~ 300 GHz 的电磁波，是无线电波中一个有限频带的简称，即波长为 1 m（不含 1 m） ~ 1 mm 的电磁波，是分米波、厘米波、毫米波的统称。微波频率比一般的无线电波频率高，通常也称为"超高频电磁波"。

由于微波只能沿直线传播，所以微波的发射天线和接收天线必须精确对准。而且如果两个微波塔相距太远，一方面，地球表面会挡住去路；另一方面，微波长距离传送会发生衰减，因此每隔一段距离就需要一个中继站。中继站之间的距离与微波塔的高度成正比。由于受地形和天线高度的限制，两个中继站之间的距离一般为 30 ~ 50 km。而对于 100 m 高的微波塔，中继站之间的距离可以达到 80 km。

微波通信在传输质量上比较稳定，但微波在雨雪天气时会被吸收，从而造成损耗。与同轴电缆相比，由于微波通信的中继站数目比同轴电缆的增音站数目（在同轴电缆系统中，增音站间距为几千米）少得多，而且不需要铺设电缆，所以其成本低得多，在当前的长途通信领域是一种十分重要的手段。微波通信的缺点是保密性不如电缆和光纤的好，对于保密性要求比较高的应用场合，需要另外采取加密措施。目前数字微波通信被大量运用于计算机之间的数据通信。

微波通信常用的有地面微波通信和卫星微波通信两种，地面微波传输过程如图 3 - 10 所示，卫星微波传输过程如图 3 - 11 所示。

卫星通信可以分为空间部分和地面部分，在两个部分之间是传输信道。空间部分是通信卫星，负责微波信号的转发，而地面部分是微波电台，也称为地面站，负责微波信号的

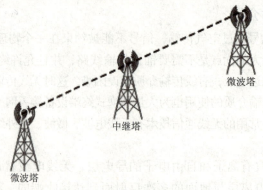

图 3-10　地面微波传输原理

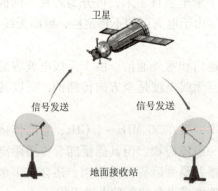

图 3-11　卫星微波传输过程

发送和接收。

卫星通信的优点是通信距离远,在卫星电波覆盖范围内,任何一处都可以通信,并且通信费用与通信距离无关。其受陆地灾害影响小,可靠性高,易于实现广播通信和多址通信。

卫星通信的缺点是通信费用高,延时较大;10 GHz 以上的微波衰减较大,容易受到太阳噪声的干扰。

3. 红外线

红外线是太阳光线中众多不可见光线中的一种,由德国科学家霍胥尔于 1800 年发现,又称为红外热辐射,他将太阳光用三棱镜分解开,在各种不同颜色的色带位置上放置了温度计,试图测量各种颜色的光的加热效应。结果发现,位于红光外侧的那支温度计升温最快。因此得到结论:太阳光谱中,红光的外侧必定存在看不见的光线,这就是红外线。也可以当作传输的媒介。太阳光谱上红外线的波长大于可见光线,波长为 0.75~1 000 μm。红外线可分为三部分,即近红外线,波长为 0.75~1.50 μm;中红外线,波长为 1.50~6.0 μm;远红外线,波长为 6.0~1 000 μm。

红外线通信有两个最突出的优点:不易被人发现和截获,保密性强;几乎不会受到电气、天电、人为干扰,抗干扰性强。此外,红外线通信机体积小,质量小,结构简单,价格低廉。但是它必须在直视距离内通信,并且传播受天气的影响。在不能架设有线线路,而使用无线电又怕暴露自己的情况下,使用红外线通信是比较好的。

4. 激光

激光通信是利用激光束调制成光脉冲,用于传输数据。激光通信只能传输数字信号,不能传输模拟信号。激光通信必须配置一对激光收发器，而且要安装在视线范围内。激光的频率比微波的高，可以获得较高的带宽。激光具有高度的方向性，因而难以窃听、插入数据和被干扰，但同样易受环境影响，而且传输距离不远。激光通信的另一个缺点是激光硬件会发出少量射线污染环境。

3.2　工业以太网电缆

工业以太网如同其名，指的是应用于工业配置的以太网，它们通常需要更稳定可靠的连接器、电缆，以及更高的确定性，后者最为重要。为了获得更高的确定性，工业以太网在使用以太网时，会使用专用协议。目前较受欢迎的工业以太网协议包括 PROFINET®、Ethernet/IP®、EtherCAT®、SERCOS Ⅲ以及 POWERLINK®。使用工业以太网时，数据传输速率为 10 Mb/s ~ 1 Gb/s。但是，工业以太网应用最常使用 100 Mb/s 的速度。如图 3-12 和图 3-13 所示。

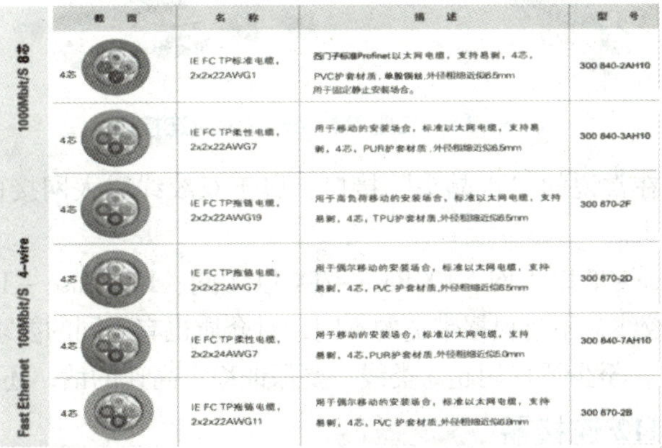

	截面	名称	描述	型号
1000Mbit/S 8芯	4芯	IE FC TP标准电缆，2x2x22AWG1	西门子标准Profinet以太网电缆，支持易剥，4芯，PVC护套材质，单股铜线，外径粗细近似6.5mm 用于固定静止安装场合。	300 840-2AH10
	4芯	IE FC TP柔性电缆，2x2x22AWG7	用于移动的安装场合，标准以太网电缆，支持易剥，4芯，PUR护套材质，外径粗细近似6.5mm	300 840-3AH10
Fast Ethernet 100Mbit/S 4-wire	4芯	IE FC TP拖链电缆，2x2x22AWG19	用于高负荷移动的安装场合，标准以太网电缆，支持易剥，4芯，TPU护套材质，外径粗细近似6.5mm	300 870-2F
	4芯	IE FC TP拖链电缆，2x2x22AWG7	用于偶尔移动的安装场合，标准以太网电缆，支持易剥，4芯，PVC 护套材质，外径粗细近似6.5mm	300 870-2D
	4芯	IE FC TP柔性电缆，2x2x24AWG7	用于移动的安装场合，标准以太网电缆，支持易剥，4芯，PUR护套材质，外径粗细近似5.0mm	300 840-7AH10
	4芯	IE FC TP拖链电缆，2x2x22AWG11	用于偶尔移动的安装场合，标准以太网电缆，支持易剥，4芯，PVC 护套材质，外径粗细近似6.8mm	300 870-2B

图 3-12　4 芯工业以太网电缆

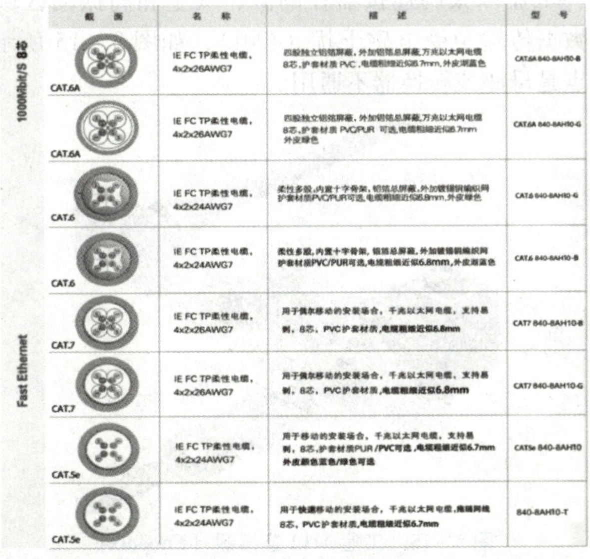

	截面	名称	描述	型号
1000Mbit/S 8芯	CAT.6A	IE FC TP柔性电缆，4x2x26AWG7	四股独立铝箔屏蔽，外加铝箔总屏蔽，万兆以太网电缆 8芯，护套材质 PVC，电缆粗细近似6.7mm，外皮湖蓝色	CAT.6A 840-8AH10-B
	CAT.6A	IE FC TP柔性电缆，4x2x26AWG7	四股独立铝箔屏蔽，外加铝箔总屏蔽，万兆以太网电缆 8芯，护套材质 PVC/PUR 可选，电缆粗细近似6.7mm 外皮绿色	CAT.6A 840-8AH10-G
	CAT.6	IE FC TP柔性电缆，4x2x24AWG7	柔性多股，内置十字骨架，铝箔总屏蔽，外加镀锡铜编织网 护套材质PVC/PUR可选，电缆粗细近似6.8mm，外皮绿色	CAT.6 840-8AH10-G
	CAT.6	IE FC TP柔性电缆，4x2x24AWG7	柔性多股，内置十字骨架，铝箔总屏蔽，外加镀锡铜编织网 护套材质PVC/PUR可选，电缆粗细近似6.8mm，外皮湖蓝色	CAT.6 840-8AH10-B
Fast Ethernet	CAT.7	IE FC TP柔性电缆，4x2x26AWG7	用于偶尔移动的安装场合，千兆以太网电缆，支持易剥，8芯，PVC护套材质，电缆粗细近似6.8mm	CAT7 840-8AH10-B
	CAT.7	IE FC TP柔性电缆，4x2x26AWG7	用于偶尔移动的安装场合，千兆以太网电缆，支持易剥，8芯，PVC护套材质，电缆粗细近似6.8mm	CAT7 840-8AH10-G
	CAT.5e	IE FC TP柔性电缆，4x2x24AWG7	用于移动的安装场合，千兆以太网电缆，支持易剥，8芯，护套材质PUR/PVC可选，电缆粗细近似6.7mm 外皮颜色蓝色/绿色可选	CAT5e 840-8AH10
	CAT.5e	IE FC TP柔性电缆，4x2x24AWG7	用于快速移动的安装场合，千兆以太网电缆，拖链网线 8芯，PVC护套材质，电缆粗细近似6.7mm	840-8AH10-T

图 3-13　8 芯工业以太网电缆

工业以太网电缆、接口及连接件

3.3 工业以太网接口及连接件

3.3.1 工业 RJ-45 以太网连接器

工业 RJ-45 连接器是专为工业应用中的以太网网络设计的矩形数据连接器，如图 3-14 所示。支持 10/100 Mb/s 和 1 Gb/s 的数据速率。以太网磁体属于分立元件，可实现针对 EMC 或过压进行优化的自定义以太网端口布局。所有以太网磁体部件均为 SMD 和可回流焊接部件。可现场安装电缆连接器，适用于 2 对（10/100 Mb/s）和 4 对（1/10 Gb/s）电缆，可实现 Cat5e、Cat6 和 Cat6a 性能。免工具安装和自动截断功能有助于确保高质量连接和缩短安装时间。

图 3-14 工业 RJ-45 以太网连接器

这种接口就是现在常说的"水晶头"接口，属于双绞线以太网接口类型。RJ-45 插头只能沿着固定方向插入。

这种接口在 10Base-T 以太网、100Base-TX 以太网、1000Base-TX 以太网中都可以使用，传输介质都是双绞线，不过根据带宽的不同，对介质也有不同的要求，特别是 1000Base-TX 千兆以太网连接时，至少要使用超 5 类线，要保证稳定高速的话，还要使用 6 类线。

3.3.2 工业 M12 连接器

对于工厂工业布线，M12 连接器已成为公认的标准，在许多视觉系统、I/O 模块和数据记录器中使用。这种工业以太网连接器在潮湿、灰尘和高振动区域能保持数据完整性。它通常也被屏蔽，使数据传输免受电磁干扰（EMI），如图 3-15 所示。它的优点是坚固、防水、安全锁定，缺点是母座或转换器不通用。

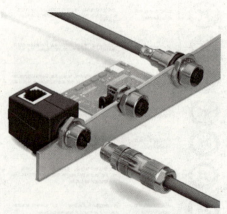

图 3-15 工业 M12 连接器（Phoenix）

3.3.3 接线板

通常自由端接电缆首先需要装入接线盒或附件。因为面板上的密封部分必须密封电缆,连接器连接时,不允许有间隙。连接数据电缆的一个常见方法是使用接线板,如图 3 – 16 所示。连接方法有:旋紧,推入弹簧连接,或绝缘位移连接(IDC)终断等。此外,简单的 RJ – 45 连接也很常用。

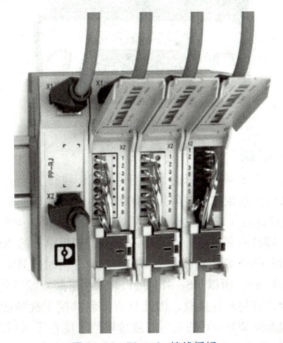

图 3 – 16　Phoenix 接线插板

3.3.4 RS – 232 标准接口

RS – 232 标准接口(又称 EIA RS – 232)是常用的串行通信接口标准之一,它是由美国电子工业协会(EIA)联合贝尔系统公司、调制解调器厂家及计算机终端生产厂家于 1970 年共同制定的,其全名是"数据终端设备(DTE)和数据通信设备(DCE)之间串行二进制数据交换接口技术标准"。计算机上的 RS232 串口如图 3 – 17 所示。

图 3 – 17　RS232 串口

该标准规定采用一个 25 引脚的 DB – 25 连接器,对连接器的每个引脚的信号内容加以规定,还对各种信号的电平加以规定。后来 IBM 的 PC 机将 RS232 简化成了 DB – 9 连接器,如图 3 – 18 所示,从而成为事实标准。而工业控制的 RS – 232 口一般只使用 RXD、TXD、GND 三条线。

图 3-18 DB-9 接口

3.3.5 RS-485 总线

在要求通信距离为几十米到上千米时，广泛采用 RS-485 串行总线标准。

RS-485 接口最大的传输距离标准值为 4 000 英尺，实际上可达 3 000 m，另外，RS-232 接口在总线上只允许连接 1 个收发器，即单站能力。而 RS-485 接口在总线上允许连接多达 128 个收发器，即具有多站能力，这样用户可以利用单一的 RS-485 接口方便地建立起设备网络。因为 RS-485 接口组成的半双工网络，任何时候只能有一点处于发送状态，一般只需两根连线（AB 线），所以 RS-485 接口均采用屏蔽双绞线传输。

RS-485 采用平衡发送和差分接收，因此具有抑制共模干扰的能力。加上总线收发器具有高灵敏度，能检测低至 200 mV 的电压，故传输信号能在千米以外得到恢复。RS-485 的电气特性：逻辑"1"以两线间的电压差为 +（2~6）V 表示，逻辑"0"以两线间的电压差为 -（2~6）V 表示。接口信号电平比 RS-232 降低了，就不易损坏接口电路的芯片，并且该电平与 TTL 电平兼容，可方便与 TTL 电路连接。RS-485 接口如图 3-19 所示。

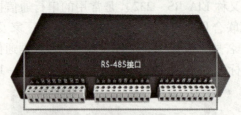

图 3-19 RS-485 接口

注意：由于工程项目中有的设备是 RS-232 接口，有的是 RS-485 接口，如果有一台 RS-232 接口设备与一台 RS-485 接口设备通信，那么就需要一个信号转换器，把 RS-232 接口设备的 RS-232 信号转换成 RS-485 信号，然后再与 RS-485 接口的设备通信，这个信号转换器就是 RS-232/RS-485 转换电路。如果是两台 RS-232 接口设备进行远距离的通信，只要加上两个 RS-232/RS-485 信号转换器就可以了。

由于 RS-232 是点对点的通信，不能实现多机之间互相通信，而 RS-485 就可以实现多机通信，因此，越来越多的工程师采用 RS-485 信号连接方式。RS-232 与 RS-485 信号转换如图 3-20 所示。

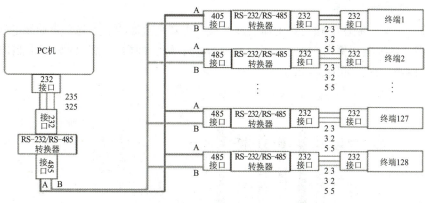

图 3-20 信号互转示意图

任务实施

CZMEC 公司有一个新部门，这个部门有 5 个员工，企业为每一位员工配置了一台计算机，需要将这 5 台计算机进行组网，组建一个小型办公网，请大家根据项目一中的设计方案选择合适的传输介质，在实践中掌握交叉双绞线、直通双绞线的制作过程，以达到对传输介质的深入了解。

1. 制作双绞线所需材料

（1）双绞线（Twisted-Pair Cable（电缆），TP）

双绞线由不同颜色的 4 对 8 芯线组成，每两条按一定规则绞织在一起，成为一个芯线对。

它一般有屏蔽（Shielded Twisted-Pair，STP）与非屏蔽（Unshielded Twisted-Pair，UTP）双绞线之分，屏蔽的在电磁屏蔽性能方面比非屏蔽的要好些，但价格也要高些。

（2）RJ-45 水晶头

双绞线的两端必须都安装 RJ-45 插头，以便插在网卡、集线器（Hub）或交换机（Switch）RJ-45 接口上。水晶头共有 8 个引脚，一般只使用了第 1、2、3、6 号引脚，各引脚的意义如下：引脚 1 接收（Rx+）；引脚 2 接收（Rx-）；引脚 3 发送（Tx+）；引脚 6 发送（Tx-）。

💡 提示

RJ-45 水晶头的引脚编号顺序是，当金属引脚面对自己，并朝向正上方时，从左向右顺序为 1~8，如图 3-21 所示。水晶头的接线应按标准连接，否则网络无法通信。

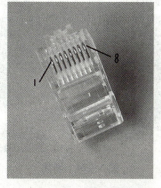

图 3-21 RJ-45 水晶头引脚编号顺序

2. 双绞线的制作过程

根据设计方案,制作电脑与路由器的连接线,也就是直通线。首先,直通线的线序是T-568B的线序,是按照"橙白,橙;绿白,蓝;蓝白,绿;棕白,棕"的顺序来制作的。两个水晶头的线序都一样,如图3-22所示。

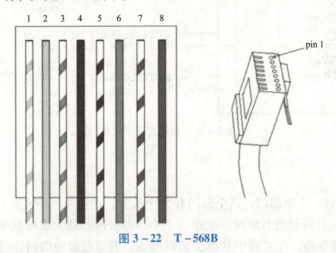

图3-22　T-568B

步骤1:准备好5类UTP双绞线、RJ-45插头和一把专用的压线钳,如图3-23所示。

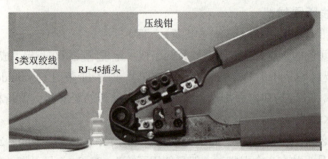

图3-23　双绞线制作工具

步骤2:用压线钳的剥线刀口将5类双绞线的外保护套管划开(注意:不要将里面的双绞线的绝缘层划破),刀口距5类双绞线的端头至少2 cm,如图3-24所示。

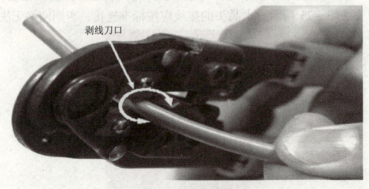

图3-24　剥线

步骤 3：将划开的外保护套管剥去（旋转、向外抽），如图 3–25 所示。

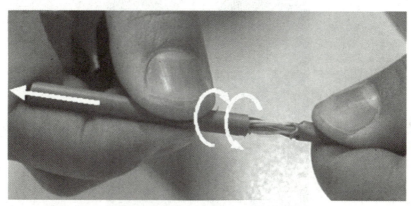

图 3–25　旋转、向外抽

步骤 4：露出 5 类 UTP 中的 4 对双绞线，如图 3–26 所示。

图 3–26　分线

步骤 5：按照 T568B 标准和导线颜色将导线按规定的序号排好，如图 3–27 所示。

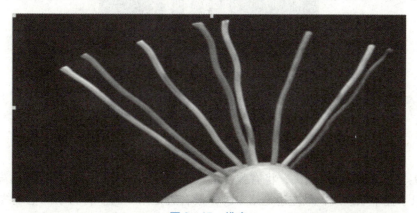

图 3–27　排序

步骤 6：将 8 根导线平坦、整齐地平行排列，导线间不留空隙，如图 3–28 所示。

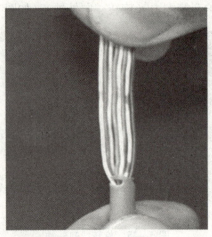

图 3-28 理线

步骤 7：准备用压线钳的剪线刀口将 8 根导线剪断，如图 3-29 所示。

图 3-29 剪线

步骤 8：剪断电缆线。注意：一定要剪得很整齐。剥开的导线长度不能太短（2~3 cm），不要剥开每根导线的绝缘外层，如图 3-30 所示。

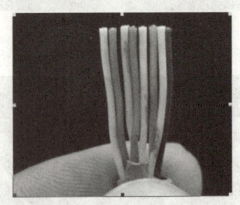

图 3-30 整齐

步骤 9：一只手捏住水晶头，将有弹片的一侧向下，有针脚的一端指向远离自己的方向；另一只手捏平双绞线，最左边是第 1 脚，最右边是第 8 脚。将剪断的电缆线放入 RJ-45 插头试试长短（要插到底），电缆线的外保护层最后应能够在 RJ-45 插头内的凹陷处被压实，反复进行调整，如图 3-31 所示。

步骤 10：在确认一切都正确后（特别要注意不要将导线的顺序排列反了），将 RJ-45 插头放入压线钳的压头槽内，准备最后的压实，如图 3-32 所示。

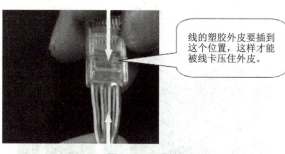

图 3-31 插线

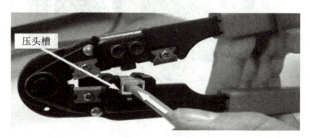

图 3-32 准备压实

步骤11：双手紧握压线钳的手柄，用力压紧导线。请注意，在这一步骤完成后，插头的 8 个针脚接触点就穿过绝缘外层，分别和 8 根导线紧紧地压接在一起，如图 3-33 所示。

 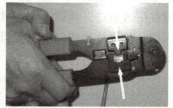

图 3-33 压实

步骤12：完成，如图 3-34 所示。

 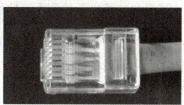

图 3-34 完成

3. 跳线的测试

测试时，将双绞线两端的水晶头分别插入主测试仪和远程测试端的 RJ-45 端口，将开关开至"ON"（S 为慢速挡），主机指示灯从 1 至 8 逐个顺序闪亮，如图 3-35 所示。

若连接不正常，按下述情况显示：

①当有一根导线断路时，则主测试仪和远程测试端对应线号的灯都不亮。

②当有几根导线断路时，则相对应的几条线都不亮；当导线少于 2 根线连通时，灯都不亮。

工业网络组建与维护

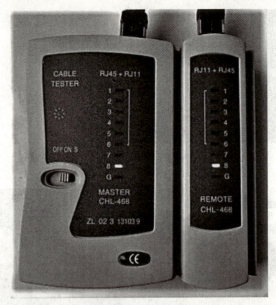

图3-35 测试

③当两头网线乱序时，则与主测试仪端连通的远程测试端的线号灯亮。

④当导线有2根短路时，则主测试器显示不变，而远程测试端显示短路的2根线灯都亮；若有3根以上（含3根）线短路时，则所有短路的几条线对应的灯都不亮。

⑤如果出现红灯或黄灯，就说明存在接触不良等现象，此时最好先用压线钳压制两端水晶头一次。再测，如果故障依旧存在，就得检查一下芯线的排列顺序是否正确。如果芯线顺序错误，那么就应重新进行制作。

> **想一想**
>
> 在任务实施过程中，需要经过剥线、理线、切线、连线、压线、测线等一系列的工序才能完成一根双绞线的制作。制作过程中很容易由于粗心等原因导致线缆制作失败，请大家在实践的过程中凝神聚力，精益求精，培养自己的工匠精神。

请大家将在任务实施操作过程中遇到的问题及解决方法记录在下方的横线上。培养自己解决问题、总结经验的能力。

遇到问题：

_____

_____

解决方法：

_____

_____

心得体会：

大显身手

一、多选题

1. 通信介质可分为（　　）。

A. 有线　　　　　　　　　　　　B. 无线

C. 可编程控制器　　　　　　　　D. IPG/PC 上的工业以太网通信处理器

2. 双绞线的连接标准可分为（　　）。

A. 568A

B. 白橙，蓝；白蓝，绿；白棕，棕；白绿，橙

C. 白橙，棕；白蓝，绿；白棕，蓝；白绿，橙

D. 568B

3. 无线传输介质包括（　　）。

A. 激光　　　B. 无线电波　　　C. 红外线　　　D. 微波

二、单选题

1. RJ-45 水晶头针脚的顺序是（　　）。

A. 从左往右

B. 从右往左

C. 将水晶头有金属簧片一面正对自己，从左往右为水晶头的 1~8 针

D. 将水晶头有金属簧片一面背向自己，从左往右为水晶头的 1~8 针

2. RS-485 接口有（　　）。

A. 两线制和四线制两种接线

B. 两线制接线方式，最多可以挂接 32 个节点

C. RS-485 接口采用差分方式传输信号

D. RS-485 接口可以实现联网功能

3. 基带同轴电缆特性阻抗为（　　）。

A. 50 Ω　　　B. 75 Ω　　　C. 80 Ω　　　D. 95 Ω

4. CAT5E 导体线规为（　　）。

A. 24AWG　　　B. 22AWG　　　C. 25AWG　　　D. 23AWG

三、问答题

1. 工业 RJ-45 以太网连接器可以端接哪些类型的传输介质？

2. 无线传输介质有哪些通信方式？

3. 详细阐述工业互联网以太网接口及连接件有哪些。

任务 2　认知工业数据通信方式

学习目标

知识目标	能力目标	素质目标
◇ 理解数据通信方式 ◇ 理解数据传输技术	◇ 能够区分几种通信方式的不同应用 ◇ 学会 ping 命令的使用	◇ 培养学生团队协作精神和发现问题、解决问题的能力

任务分析

上一任务中，学习了如何制作连接线连接设备，接下来需要解决设备间的通信问题，通信的目的是在设备间进行数据传输和交换，那么如何有效地进行数据交换呢？通信的技术又有哪些呢？本任务将介绍几种常见的数据通信方式和数据传输技术。

知识精讲

数据通信的基本目的是在接收方与发送方之间交换信息，也就是将数据信息通过相应的传输线路从一台机器传输到另一台机器。这里所说的机器可以是计算机、终端设备以及其他任何通信设备。接下来了解一下传统计算机网络的常用通信方式和传输技术。

3.4　数据通信方式

计算机网络中传输的信息都是数据信息，计算机之间的通信就是数据通信。根据所允许的传输方向，数据通信方式可分成单工通信、半双工通信、全双工通信三种方式，如图 3-36 所示。

1. 单工通信

在单工方式数据传输中，线路上的数据总是朝一个方向流动，不可反方向流动，如图 3-36（a）所示。例如，计算机与打印机、计算机与键盘之间的传输就是以单工方式进行

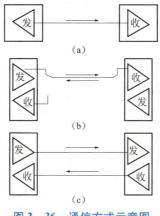

图 3-36 通信方式示意图
(a) 单工方式 (b) 半双工方式 (c) 全双工方式

数据通信技术与
数据传输技术

的。在有些情况下,虽然不能反向传输数据,却有一条低速的辅助信道用于传输对方的差错或控制方面的反馈信息,但因为只有单方向的数据通道,所以仍属单工传输。

2. 半双工通信

在半双工方式数据传输中,传输线路上的数据允许双方向流动,但不能同时双向流动,如图 3-36 (b) 所示,这要求通信双方都具有不同时工作的发送和接收机构。这种方式在通信系统中得到了广泛应用,因为它具有控制简单、可靠、通信成本低等一系列优点。

3. 全双工通信

在全双工方式数据传输中,数据被允许在通信的双方同时双方向流动,如图 3-36 (c) 所示。这种传输方式要求通信双方具有能够同时工作的发送和接收机构,而且还要求具有两条性能对称的传输信道。这种方式的传输效率是半双工方式的两倍,在高速网络中得到了广泛应用。

3.5 数据传输方式

设备的传输方式可分为串行传输、并行传输、异步传输、同步传输四种。

1. 串行传输

串行传输是指数据流在信道上传输时任一时刻信道上只有一位在传输,如图 3-37 所示。按位发送,逐位接收,同时还要确认字符,所以要采取同步措施。

发送端 →01010001→ 接收端

图 3-37 串行传输

2. 并行传输

并行传输是指数据以成组的方式在多个并行信道上同时进行传输,如图 3-38 所示。常用的方式是将组成一个字符的几位二进制分别通过几个并行的信道同时传输。并行传输的效率高,但要求收发之间同时存在若干个信道,对于远程通信来讲,此代价显得过于高了一些。因此,计算机与计算机之间的通信极少采用并行方式,只有计算机各部件之间的通信(如 CPU 与存储器之间、CPU 与输入/输出口之间等)才采用并行方式。串行方式虽然相对效率较低，但串行通信的收发两方只需要有一条传输信道，易于实现，因此，其是通信系统目前主要采用的一种方式。

图 3-38　并行传输

3. 异步传输/同步传输

串行通信首先应该解决的就是字符的同步问题。同步是数据通信的基本要求之一，发送方沿传输介质逐位向接收方发送信息，接收方必须知道一组二进制位的开始和结束。接收方还要知道每一位的持续时间，以便决定以什么样的时间间隔（频率）进行采样。通常接收方在每一位的中间取样，如果收发两边的时钟不同步，也就是说有误差，就算误差不大，比如接收方的时钟比发送方的时钟慢一位持续时间的 5%，采样第一位时，比中间位置偏 5%，这一位当然不会出错。但继续这样采样，偏移会越来越多，到某一位时，将会采样到前一位上。由于发送方和接收方的时钟信号不可能绝对一致，如果没有一定的同步手段，总会因二者不同步而出现混乱。

计算机通信系统中提供了两种同步手段，这就是异步传输和同步传输。

（1）异步传输

这是通信系统中最早采用的同步措施，也是最简单的一种同步措施。具体实现是：每次传输一个字符时，前面用起始位作为开始的标识，后面用停止位标识该字符的结束。起始位为"0"，持续时间为一位时间；停止位为"1"，持续时间可以是一位、一位半或两位，具体选多少取决于所选用的通信标准。典型的异步传输数据时序如图 3-39 所示。

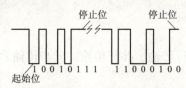

图 3-39　异步传输数据时序

在图 3-39 中，传输两个字符，第一个字符的编码是"10010111"，第二个字符的编码是"11000100"，每个字符为 8 位，起始位为 1 位，停止位为 2 位。接收器根据 1→0 的跳变识别一个新字符的开始，起始位随后的 8 位是有效数据位，两位停止位标志着该字符的结束。在这种方式中，接收器的时钟仍然要与发送时的时钟同步（即采样间隔，或者采样频率要保持一致），但由于每个字符都用起始位和停止位作为一个小单位隔离出来，对时钟的精度要求就降低了。一个字符一般由 5~8 位组成，加上起始位和停止位，收发双方只要能做到在十几位同步就可以了。统计表明，除非收发双方的时钟偏差超过 50%（这样的时钟当然属于淘汰之列），即使每次采样有一定的偏差，在十几位的时间里，也不会产生采样到别的位上的错误。

异步传输的同步以一个字符为单位，因此也称为字符同步方式。这种方式简单易行，但传输效率比较低。因为每 5~8 位有效位就要加上 2~3 位控制位，有效率只有 8/10（如果有效位只有 5 位，效率将会更低）。因此异步方式广泛用于低速线路中，如计算机与终端的连接、计算机与调制解调器的连接等。

（2）同步传输

同步传输是通信系统中另一种同步方式的传输，称为位同步。同步传输以位块为单位进行传输，一个位块一般包括 1 000 多个字符，每个字符不需要起始位和停止位。为了防止发送方与接收方发生不一致，接收时钟和发送时钟必须同步。同步传输可以分为外同步和自同步两种。在外同步法中，接收者的时钟频率由发送方的设备进行控制。在自同步法中，所传输的数据自身就包含着时钟特征，也就是说，对同步传输的字符必须采用特定的编码，如曼彻斯特编码和差分曼彻斯特编码。既然传输数据中包含着发送时钟，接收方就可以从中提取出与发送时钟一致的时钟信号作为接收时钟信号，这样接收和发送时钟就自动同步了。

为了使接收过程与发送过程同步，除了要求双方时钟同步外，接收方还必须能够准确判断发送数据的开始和结束。通常的做法是在数据块的前面加一个一定长度的特殊位组合作为位块开始的信号，即所谓前文。在数据结束时，也加上一个特殊位组合作为位块结束的信号，即所谓后文。数据块加上"前文""后文"及必要的控制信号，就构成了"帧"。

任务实施

使用 Cisco Packet Tracer 软件来模拟终端设备与服务器之间的数据通信。

①打开 Cisco Packet Tracer 软件，选择相应设备和连接线路，按照图 3-40 进行正确连接。

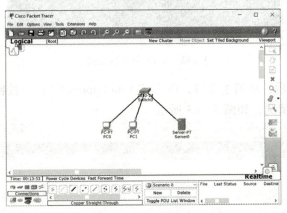

图 3-40 网络拓扑

②图中两台 PC 机是终端，Server0 模拟网络中的服务器，三台设备通过交换机进行连接，按照前面所学知识，为三台设备设置 IP 地址，两台 PC 的地址分别为 192.168.1.1 和 192.168.1.2，服务器地址为 192.168.1.10。

③用 ping 命令测试设备间的连通性，并且切换到"Simullation"模式观察数据包在网络中的传输过程，如图 3-41 所示。

选择其中一台设备 PC0，单击 PC0，选择"Desktop"选项，单击"Command Prompt"打开

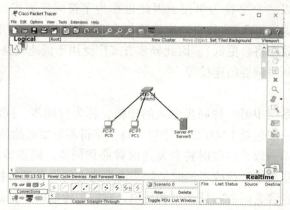

图 3-41 Simulation 模式

命令提示符,输入"ping 192.168.1.10",用 PC 机测试与服务器端的连通性,如图 3-42 所示。

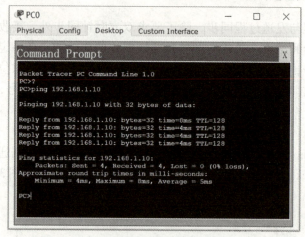

图 3-42 ping 命令测试连通性

输入完 ping 命令后,回到主窗口,单击"Auto Capture/Play"按钮,观察 PC 机和服务器之间数据包的传输情况,如图 3-43 所示。

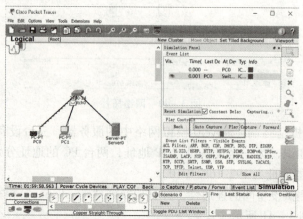

图 3-43 数据包传输

小试牛刀

熟练使用 Cisco Packet Tracer 工具按照上述步骤完成实验，并完成下列问题。
PC 机与服务器之间采用什么方式进行通信？简单叙述数据包的传输过程。

大显身手

一、选择题

1. 一个优秀的老师，他的课堂模式与（　　）的思想相似。
A. 单工通信　　　　B. 半双工通信　　　　C. 全双工通信　　　　D. 并行通信
2. 同步传输和异步传输的区别是（　　）。
A. 所需带宽不同　　　　　　　　　　B. 传输速率不同
C. 异步传输时，时钟混合在数据中　　D. 同步传输时，时钟从数据中提取

二、填空题

1. 数据通信的方向性结构可分为单工通信、_____和_____，后者可以同时进行双向的数据传输。
2. 在数据通信过程中，收、发双方必须在时间上保持同步，常用的方法有_____和同步传输。前者传输的基本单位是字符，后者传输的基本单位是_____。

三、简答题

1. 举例说明单工通信、半双工通信和全双工通信的工作过程和应用场合。

2. 简述异步传输方式和同步传输方式的区别。

任务 3　认知工业网络分类

学习目标

知识目标	能力目标	素质目标
◇ 理解工业网络的概念与分类 ◇ 了解几种常用现场总线技术 ◇ 了解工业网络的类型 ◇ 了解无线工业网络技术	◇ 能够认识工业网络 ◇ 能够掌握现场总线型工业网络的特点 ◇ 能够区分不同的无线工业网络技术	◇ 掌握最新科学知识，跟进我国快速发展的科技，做中国未来的建设者

任务分析

工业4.0是利用信息化技术促进产业变革的时代，也就是智能化时代。这个概念最早出现在德国，于2013年的汉诺威工业博览会上被正式推出，其核心目的是提高德国工业的竞争力，在新一轮工业革命中占领先机。随后由德国政府列入《德国2020高技术战略》中所提出的十大未来项目之一。该项目由德国联邦教育局及研究部和联邦经济技术部联合资助，投资预计达2亿欧元。旨在提升制造业的智能化水平，建立具有适应性、资源效率及基因工程学的智慧工厂，在商业流程与价值流程中整合客户及商业伙伴。其技术基础是网络实体系统及物联网。"中国制造2025"与德国"工业4.0"的合作对接渊源已久。2015年5月，国务院正式印发《中国制造2025》，部署全面推进实施工业制造强国战略。

通过学习工业网络概念与分类，清晰认识我国工业网络的概念和特点，以及现场总线的工作分类和特点，最终明确本任务的学习目标。

知识精讲

3.6　工业网络的概念与分类

3.6.1　工业网络的概念

工业网络是指安装在工业生产环境中的一种全数字化、双向、多站的通信系统。主要包括计算机网络体系结构、局域网技术、工业以太网、CAN总线技术、DeviceNet现场总线、DeviceNet节点设计与组网、ControlNet现场总线等多种技术的综合体，该综合体在工业制造中发挥着重要的作用。

3.6.2　工业网络的分类

工业网络可以分为以下三种类型：

1. 专用、封闭型工业网络

该网络规范由各公司自行研制，往往是针对某一特定应用领域而设的，效率也是最高的。但在相互连接时就显得各项指标参差不齐，推广与维护都难以协调。专用型工业网络有三个发展方向：

①走向封闭系统，以保证市场占有率。
②走向开放型，使它成为标准。
③设计专用的网关与开放型网络连接。

2. 开放型工业网络

工业网络的类型

除了一些较简单的标准是无条件开放的外，大部分是有条件开放的，或仅对成员开放。生产商必须成为该组织的成员，产品需经过该组织的测试、认证，方可在该工业网络系统中使用。

3. 标准工业网络

符合国际标准 IEC 61158、IEC 62026、ISO 11519 或欧洲标准 EN 50170 的工业网络，都会遵循 ISO/OSI 7 层参考模型。工业网络大都只使用物理层、数据链路层和应用层。一般工业网络的制定是根据现有的通信界面，或是自己设计通信 IC，然后再依据应用领域设定数据传输格式。例如，DeviceNet 的物理层与数据链路层是以 CANbus 为基础，再增加适用于一般 I/O 点应用的应用层规范。

3.7 常用现场总线技术

现场总线技术是实现现场级设备数字化通信的一种工业现场层网络通信技术。这是一次工业现场级设备通信的数字化革命。现场总线技术可用一条电缆将现场设备（智能化、带有通信接口）进行连接，使用数字化通信代替 4~20 mA/24 VDC 信号，完成现场设备控制、监测、远程参数化等功能。传统的现场级自动化监控系统采用一对一连线的 4~20 mA/24 VDC 信号，信息量有限，难以实现设备之间及系统与外界之间的信息交接，使自控系统成为工厂中的"信息孤岛"，严重制约了企业信息集成及企业综合自动化的实现。基于现场总线的自动监控系统采用计算机数字化通信技术，使自控系统与设备加入工厂信息网络，成为企业信息网络底层，使企业信息沟通的覆盖范围一直延伸到生产现场。在计算机集成制造系统（CIMS）中，现场总线是工厂计算机网络到现场级设备的延伸，是支撑现场级与车间级信息集成的技术基础。

基于现场总线的自动化监控及信息集成系统的主要优点：

（1）增强了现场级信息集成能力

现场总线可从现场设备获取大量丰富信息，能够更好地满足工厂自动化及 CIMS 系统的信息集成要求。现场总线是数字化通信网络，它不单纯取代 4~20 mA 信号，还可实现设备状态、故障、参数信息传送。系统除完成远程控制外，还可完成远程参数化工作。

（2）开放式、互操作性、互换性、可集成性

不同厂家产品只要使用同一总线标准，就具有互操作性、互换性，因此设备具有很好的可集成性。系统为开放式的，允许其他厂商将自己专长的控制技术，如控制算法、工艺流程、配方等集成到通用系统中去，因此，市场上将有许多面向行业特点的监控系统。

（3）系统可靠性高、可维护性好

基于现场总线的自动化监控系统采用总线连接方式替代一对一的 I/O 连线，对于大规模 I/O 系统来说，减少了由接线点造成的不可靠因素。同时，系统具有现场级设备的在线故障诊断、报警、记录功能，可完成现场设备的远程参数设定、修改等参数化工作，也增强了系统的可维护性。

（4）降低了系统及工程成本

对大范围、大规模 I/O 的分布系统来说，省去了大量的电缆、I/O 模块及电缆敷设工程费用，降低了系统及工程成本。

目前国际上具有一定影响和已占用一定市场份额的总线有如下几种：

1. PROFIBUS 现场总线

1996 年 3 月 5 日批准为欧洲标准，即 DIN 50170 V2。PROFIBUS 产品在世界市场上已被普遍接受，市场份额占欧洲首位，增长率为 25%。目前支持 PROFIBUS 的设备已超过 200 万台，到 1998 年 5 月，适用于过程自动化的 PROFIBUS-PA 仪表设备在 19 个国家的 40 个用户厂家投入现场运行。1985 年组建了 PROFIBUS 国际支持中心。1989 年 12 月建立了 PROFIBUS 用户组织（PNO）。目前在世界各地相继组建了 20 个地区性的用户组织，企业会员近 650 家。1997 年 7 月组建了中国现场总线（PROFIBUS）专业委员会，并筹建现场总线 PROFIBUS 产品演示及认证的实验室。

PROFIBUS 主要应用领域有：

制造业自动化：汽车制造（机器人、装配线、冲压线等）、造纸、纺织。

过程控制自动化：石化、制药、水泥、食品、啤酒。

电力：发电、输配电。

楼宇：空调、风机、照明。

铁路交通：信号系统。

2. FF 现场总线

1994 年，ISP 基金会和 WorldFIP（北美）两大集团合并成立 FF 基金会，其宗旨是开发出符合 IEC 和 ISO 标准、唯一的国际现场总线（FUNDATION Fieldbus）。低速总线（H1）协议已于 1996 年发表。已完成开发的高速总线（H2）于 1998 年发表。1997 年 5 月建立了中国现场总线（FF）专业委员会，并筹建 FF 现场总线产品认证中心。目前，FF 现场总线的应用领域以过程自动化为主，如化工、电力厂实验系统、废水处理、油田等行业。

3. LonWorks 总线

LonWorks 现场总线全称为 LonWorks Networks，即分布式智能控制网络技术，希望推出能够适合各种现场总线应用场合的测控网络。目前 LonWorks 应用范围广泛，主要包括工业控制、楼宇自动化、数据采集、SCADA 系统等。国内主要应用于楼宇自动化方面。

4. CANBUS 总线

CANBUS 现场总线已由 ISO/TC22 技术委员会批准为国际标准 ISO 11898（通信速率小于 1 Mb/s）和 ISO 11519（通信速率小于 125 Kb/s）。CANBUS 主要产品应用于汽车制造、公共交通车辆、机器人、液压系统、分散型 I/O。另外，在电梯、医疗器械、工具机床、楼宇自动化等场合均有所应用。

5. WorldFIP 现场总线

1991 年，FIP 现场总线成为法国国家安全标准。1996 年成为欧洲标准（EN 50170 V3）。下一步目标是靠近 IEC 标准，现在技术上已做好充分准备。WorldFIP 国际组织在北京设有办事处，即 WorldFIP 中国信息中心，负责中国的技术支持。WorldFIP 现场总线采用单一总线结构来适应不同应用领域的需求，不同应用领域采用不同的总线速率。过程控制采用 3 125 KB/s，制造业为 1 MB/s。采用总线仲裁器和优先级来管理总线（包括各支线）上的各控制站的通信。可进行 1 对 1、1 对多点（组）、1 对全体等多重通信方式。在应用系统中，可采用双总线结构，其中一条总线为备用线，增加了系统运行的安全性。WorldFIP 现场总线适用范围广泛，在过程自动化、制造业自动化、电力及楼宇自动化方面都有很好的应用。

6. P-NET 现场总线

P-NET 现场总线筹建于 1983 年。1984 年推出采用多重主站现场总线的第一批产品。1986 年通信协议中加入了多重网络结构和多重接口功能。1987 年推出 P-NET 的多重接口产品。1987 年，P-NET 标准成为开放式的完整标准，成为丹麦的国家标准。1996 年成为欧洲总线标准的一部分（EN 50170 V1）。1997 年组建国际 P-NET 用户组织，现有企业会员近百家，总部设在丹麦的 Siekeborg，并在德国、英国、葡萄牙和加拿大等地设有地区性组织分部。P-NET 现场总线在欧洲及北地区得到广泛应用，其中包括石油化工、能源、交通、轻工、建材、环保工程和制造业等应用领域。

综观自动化技术今后的发展趋势，可以归纳为数字化、信息化与网络化、分散化与智能化、集成化与微小型化。现场总线已经成为自动化技术发展的原动力。

3.8 工业网络的类型

与传统控制网络相比，工业网络具有应用广泛、为所有的编程语言所持、软硬件资源丰富、易于与 Internet 连接、可实现办公自动化网络与工业控制网络的无缝连接等诸多优点。由于这些优点，特别是与信息传输技术的无缝集成及传统技术无法比拟的传输宽带，常用的以太网得到了工业界的认可，具体有以下几种类型：

1. HSE（高速以太网）

HSE（High Speed Ethernet Fieldbus）由现场总线基金会组织（FF）制定，是对 FF–H1 的高速网段的解决方案，它与 H1 现场总线整合构成信息集成开放的体系结构。

FF HSE 的 1~4 层由现有的以太网、TCP/IP 和 IEEE 标准所定义，HSE 和 H1 使用同样的用户层，现场总线信息规范（FMS）在 H1 中定义了服务接口，现场设备访问代理（FDA）为 HSE 提供接口。用户层规定功能模块、设备描述（DD）、功能文件（CF）及系统管理（SM）。HSE 网络遵循标准的以太网规范，并根据过程控制的需要适当增加了一些功能，但这些增加的功能可以在标准的 Ethernet 结构框架内无缝地进行操作，因而 FF HSE 总线可以使用当前流行的商用以太网设备。

100 Mb/s 以太网拓扑是采用交换机形成星型连接，这种交换机具有防火墙功能，以阻断特殊类型的信息出入网络。HSE 使用标准的 IEEE 信号传输、标准的 Ethernet 接线和通信媒体。设备和交换机之间的距离，使用双绞线为

100 m，光缆可达 2 km。HSE 使用连接装置（LD）连接 H1 子系统，LD 执行网桥功能，它允许就地连在 H1 网络的各个现场设备上，以完成点对点对等通信。HSE 支持冗余通信，网络上的任何设备都能做冗余配置。

该总线使用框架式以太网（Shelf Ethernet）技术，传输速率从 100 Mb/s 到 1 Gb/s 或更高。HSE 完全支持 FF-H1 现场总线的各项功能，诸如功能块和装置描述语言等，并允许基于以太网的装置通过连接装置与 H1 装置相连接。

HSE 主要用于过程控制级别的一种现场总线标准，目前主要用于两种情况：一类是计算量过大而不适合在现场仪表中进行的高层次模型或调度运算；另一类是多条 H1 总线或其他网络的网关桥路器。

2. PROFINET

PROFINET 由西门子公司和 PROFIBUS 用户协会开发，是一种基于组件的分布式以太网通信系统。PROFINET 支持开放的、面向对象的通信，这种通信建立在普遍使用的 TCP/IP 基础之上。PROFINET 没有定义其专用工业应用协议。使用已有的 IT 标准，它的对象模式基于微软公司组件对象（COM）技术。对于网络上所有分布式对象之间的交互操作，均使用微软公司的 DCOM 协议和标准 TCP、UDP 协议。PROFINET 用于 PROFIBUS 的纵向集成，它能将现有的 PROFIBUS 网络通过代理服务器（Proxy）连接到以太网上，从而将工厂自动化和企业信息管理自动化有机地融合为一体。系统可以通过代理服务器实现与其他现场总线系统的集成。

PROFINET 通过优化的通信机制满足实时通信的要求。PROFINET 基于以太网的通信有 3 种，分别对应不同的工业实时通信要求。PROFINET 基于组件的系统主要用于控制器与控制器通信，PROFINET-SRT 软实时系统用于控制器与 I/O 设备通信，PROFINET-IRT 硬实时系统用于运动控制。

3. Modbus/TCP

Modbus/TCP 是由 Schneider 公司于 1999 年公布的一种以太网技术。Modbus/TCP 基本上没有对 Modbus 协议本身进行修改，只是为了满足控制网络实时性的需要，改变了数据的传输方法和通信速率。它以一种非常简单的方式将 Modbus 帧嵌入 TCP 帧中，在应用层采用与常规的 Modbus/RTU 协议相同的登记方式。Modbus/TCP 采用一种面向连接的通信方式，即每一个呼叫都要求一个应答。这种呼叫/应答的机制与 Modbus 的主/从机制相互配合。Modbus/TCP 交换式以太网具有很高的确定性，它允许利用网络浏览器查看控制网络中设备的运行情况。Schneider 公司已经为 Modbus 注册了 502 端口，这样就可以将实时数据嵌入网页中。通过在设备中嵌入 Web Server，即可将 Web 浏览器作为设备的操作终端。

Modbus/TCP 所包括的设备类型为：连接到 Modbus/TCP 网络上的客户机和服务器；用于 Modbus/TCP 网络和串行线子网互联的网桥、路由器或网关等互联设备。

4. Ethernet/IP

Ethernet/IP 由 ODVA 开发，2000 年 3 月推出。Ethernet/IP 利用现有的以太网通信芯片和物理介质，所有标准的以太网通信模块，如 PC 接口卡、电缆、连接器、集线器和开关，都能与 Ethernet/IP 一起使用。

应用于控制场合的 Ethernet/IP 网络拓扑一般采用有源星型拓扑（10/100 Mb/s），成组的设备采用点对点方式连接到以太网交换机。

交换机是整个网络系统的核心。Ethernet/IP 现场设备具有内置的 Web Server 功能，不仅能够提供 WWW 服务，还能提供诸如电子邮件等网络服务，其模块、网络和系统的数据信息可以通过网络浏览器获得。Ethernet/IP 的现有产品已能通过 HTTP 提供诸如读写数据、读诊断、发送电子邮件、编辑组态数据等能力。

5. Powerlink

标准化组织（ETHERNET Powerlink Standardization Group，EPSG）成员包括 ABB（Robotics）、B&R、Hirschmann、Kuka、Lenze 等二十几家工业自动化生产、研发机构。2001 年，B&R 公司率先提出 Powerlink 技术。Powerlink 的目标是确定性、实时性工业以太网。

Powerlink 主要有两个方面的技术特点：一是能够与 IT 技术无缝连接，可以继续应用 IP 协议族（HTTP、Telnet、FTP 等）；另一方面，开发了网络协议栈取代传统的 TCP/IP 协议栈，从根本上实现了网络数据的有效控制和管理。

Powerlink 在通信管理上引入了管理节点（Managing Node）和控制节点（Control Node）的概念。整个网络有唯一的管理节点，在管理节点统一调度下，管理节点和控制节点之间及控制节点之间的通信周期地进行。每个通信周期可以有对应的时间域用于传输实时数据和标准以太网数据流。

Powerlink 工作模式分为开放模式、保护模式和基本以太网模式，3 种模式之间可以方便切换。开放模式允许 Powerlink 网络中直接连接标准以太网设备，即不需要分离的网络；保护模式需要网络分离，即标准以太网设备需要经过网关访问 Powerlink 节点；对于基本以太网模式，Powerlink 节点就成为标准以太网设备。

6. EPA（Ethernet for Plan Automation）

用于工业测量与控制系统的以太网技术，是在国家"863"计划支持下，由浙江大学、浙江中控技术股份有限公司等共同开发的。EPA 是我国第一个被国际认可和接受的工业自动化领域的标准。

领先的技术为我国在世界赢得了声音，也为我国智能制造快速发展领先于世界奠定了基础，作为新时代的大学生，我们更应该紧随祖国发展的步伐，勇于创新，为新时代的建设者奠定扎实的基础。

EPA 完全兼容 UDP(TCP)/IP 等协议，采用 UDP 协议传输 EPA 协议报文，以减少协议处理时间，提高报文传输的实时性。商用通信线缆（如五类双绞线、同轴线缆、光纤等）均可应用于 EPA 系统中，但必须满足工业现场应用环境的可靠性要求，如使用屏蔽双绞线代替非屏蔽双绞线。

3.9 无线工业网络技术

1. 工业互联网的发展方向

德国"工业 4.0 研发白皮书"及"工业 4.0 实施战略及参考架构"都将无线技术作为工业 4.0 网络通信技术研究和创新中的重要组成部分，其计划在 2018 年实现公众 5G 网络基础设施的设计和标准，为工业提供广域网络服务；2020 年，在工业 4.0 中实现最新的无线局域网和近场技术的使用。

美国工业互联网联盟 IIC 同样重视无线技术在工业中的应用。联盟专门成立了网络连接组来开展网络技术的研究。网络连接组将工业网络分为连接传输层和连接框架层，其中，Wi-Fi、NFC、ZigBee、2G/3G/4G 等无线技术成为连接传输层的重要技术。

德国工业 4.0 和美国工业互联网之所以重视无线技术在工业中的应用，是因为无线网络相比于现有的工业有线网络具有明显的优势。一是可大幅降低网络建设和维护成本。无线网络能够快速部署，无须在现场、车间、厂房等环境铺设线缆及相关保护装置。使用无线技术将使测控系统的安装与维护成本降低。二是提高生产线的灵活性，无线技术实现了现场设备的移动性，提高了生产设备部署的灵活性，可以根据工业生产及应用需求快速地实现生产线的重构，为实现柔性生产线奠定技术基础。三是实现部署环境的广泛性，由于无线技术突破线缆部署限制，具有 Mesh、星型等多种网络部署架构，在各种工业场景下都可实现快速部署。

无线工业网络技术

2. 工业互联网的新挑战

工业互联网对通信网络提出了新要求，按照使用范围划分，通信网络分为工厂内和工厂外两大类，工厂内网络主要承载控制类、采集类和交互类业务，各类业务对网络的性能要求也不相同，如承载控制类业务的网络需要具备低时延（端到端时延毫秒级，时延抖动微秒级）、高可靠（数据传输成功率 99.999%）、高同步精度（百纳秒级）的能力；承载采集业务的网络需要具备高密度接入（百万连接/km^2）、低功耗（使用超过 10 年以上）的能力；承载交互类业务的网络需要具备高传输速率（体验速率 Gb/s）的能力。工厂外网络承载主要有控制类、采集类、交互类和单项传送类四类业务。与工厂内业务相似，工厂外的四类业务对通信网络也有同样的要求，特别是部分工厂外采集类业务还要求网络支持高移动接入能力（500 km/h）。

因此，无线网络要想应用在工业中，还需要根据其应用环境——工厂内还是工厂外，以及承载的业务不同，进行不同程度的优化设计。在无线技术设计和应用中，主要考虑以下方面：

一是工厂环境电磁环境复杂，无线网络的干扰源较多。应用工业互联网的现场、车间、厂房等场景电磁环境较为复杂，各种大型器械、金属管道等对无线信号的反射、散射造成的多径效应严重，马达、器械运转时产生电磁噪声会对无线通信产生干扰，在无线网络及空口技术设计与实际部署时，要考虑电磁干扰对无线传输性能的影响。二是有限空间内传感、控制、作业等大量设备需要同时接入工业互联网，对无线网络的接入能力提出较高要求。根据欧盟工业互联网频率需求材料测算，要求在 100 m^2 的生产车间内，通信网络具备至少 300 个设备同时接入的能力。三是现有的无线技术在满足工业互联网高速率、高可靠性、广泛互联等方面还无法满足工业应用的需求，如控制时延毫秒级，可靠性达到 99.999% 等，需要进一步提升。四是无线技术与工业设备、仪表的融合还需加强，由于工业设备及仪表许多都工作在高温、高湿等环境下，同时又有本质防爆的要求，这对无线芯片设计及封装等工艺提出较高的要求。

3. 无线技术的两条演进路径

无线技术逐步向工业领域渗透，呈现从信息采集到生产控制，从局部方案到全网方案的发展趋势。目前无线技术主要用于设备及产品信息的采集、非实时控制和实现工厂内部信息化等、Wi-Fi、ZigBee、2G/3G/LTE、面向工业过程自动化的工业无线网络 WIA-PA、WirelessHART 及 ISA100.11a 等技术已在工厂内获得部分使用。同时，无线技术正逐步向工业实时控制领域渗透，成为现有工业有线控制网络有力的补充或替代。

从技术演进上来看，工业互联网无线技术主要呈现两大技术路径：一是现有技术演进路径，包含传统短距离技术演进和移动网技术（包含 2G/3G/4G）技术演进。目前 IEC/ISO 已经针对工业制定了专用的无线通信技术，包括 WIA/WirelessHART/ISA100.11a，其在可靠性、抗干扰、时延保障等方面都做了大量的技术优化。移动蜂窝网目前主要面向物联网进行优化，在工业环境中的应用还处于初期阶段，后续的技术演进还在探讨中。

4. 以叠加为主、融合为辅的无线网络部署

由于工业控制系统自成体系，并以稳定、可靠为第一准则，因此工业企业对其改动都非常谨慎小心，但工业制造及工业服务等企业对生产设备、环境、生产工具等数据的需求又很迫切，加之有线部署成本过高，并且难度较大，因此纷纷采用叠加方式来部署无线网络。所谓叠加方式，是指在现有工厂网络之外建设无线网络，用于采集设备及产品信息，并进行非实时性及部分场景实时的设备控制。也有些企业在尝试采用融合方式来部署无线网络，即用无线网络逐步取代部分现有的工业控制网络（如现场总线和以太网），实现信息采集和控制的无线化。

任务实施

针对本节的学习内容，请同学们思考下面的问题：

①结合本节内容，请自行查阅网络和书籍资料，分析解读一下我国工业网络发展的现状，并结合当下国情，提出现状对未来发展的意义。

②构想一下工业网络与工业互联网的关系。

大显身手

一、选择题

1. 下面不是现场总线技术的是（　　）。
A. LonWorks 总线　　B. CANBUS 总线　　C. WorldFIP 现场总线　　D. CAN 总线
2. Powerlink 工作模式的分类不包括（　　）。
A. 开放模式　　B. 保护模式　　C. 动态模式　　D. 基本模式

二、问答题

1. 什么是工业无线网络？

2. 工业现场总线分为哪几种？请简述。

3. 详细阐述工业网络的类型。

任务4 认知工业感知技术

学习目标

知识目标	能力目标	素质目标
◇ 理解物联网的基本概念和架构 ◇ 理解物联网感知层的功能 ◇ 了解物联网感知技术	◇ 能够区分物联网的概念 ◇ 掌握物联网的分层结构 ◇ 掌握物联网主要的核心技术	◇ 树立正确的科学发展观，以时代为背景，争做社会主义新青年

任务分析

工业网络中工业机器视觉、机器人、人工智能技术的发展正配合着政府的智能制造计划向前推进，图像传感器是其中的关键技术，其在工业中的应用很广，包括智能交通、高端安防监控、电影拍摄、医疗影像、生物识别、天文相机，以及常见的机器视觉在工业自动化生产的应用，不同的应用对图像的分辨率、清晰度、噪声及相机的帧率、系统成本等都有不同的要求，同时，工业中人工智能应用的发展给图像传感器带来了更高的挑战，包括推动了全局快门性能、高速拍摄、大分辨率、使用不可见光谱区域和三维体积深度提供的信息进行关键推断，以及神经网络处理的发展，因此，物联网在工业网络中的应用越来越多，今天我们来学习一下工业网络里感知技术。

通过学习物联网的基本概念和体系架构，清晰认识物联网的概念和特点，以及工业物联网感知层的功能和常用的感知技术，最终明确本任务的学习目标。

知识精讲

3.10 物联网的基本概念和架构

3.10.1 物联网的概念和特征

物联网（Internet of Things，IoT）即"万物相连的互联网"，是在互联网基础上延伸和扩展的网络，将各种信息传感设备与网络结合起来而形成的一个巨大网络，实现任何时间、任何地点，人、机、物的互联互通，如图3-44所示。这有两层意思：第一，物联网的核心和基础仍然是互联网，是在互联网基础上的延伸和扩展的网络；第二，其用户端延伸和扩展到了任何物品与物品之间，进行信息交换和通信。因此，物联网的定义是通过射频识别、红外感应器、全球定位系统、激光扫描器等信息传感设备，按约定的协议，把任何物品与互联网相连接，进行信息交换和通信，以实现对物品的智能化识别、定位、跟踪、监控和管理的一种网络。

从通信对象和过程来看，物与物、人与物之间的信息交互是物联网的核心。物联网的基本特征可概括为整体感知、可靠传输和智能处理。

整体感知——可以利用射频识别、二维码、智能传感器等感知设备感知获取物体的各类信息。

可靠传输——通过对互联网、无线网络的融合，将物体的信息实时、准确地传送，以便信息交流、分享。

物联网的概念与架构及关键技术

智能处理——使用各种智能技术，对感知和传送到的数据、信息进行分析处理，实现监测与控制的智能化。

图3-44 物联网

3.10.2 物联网的架构

物联网的体系架构从上到下分为应用层、平台层、传输层、感知层。应用层主要是建立在物联网技术平台之上的应用体系，主要有商贸来往、物流信息网、农业、军事等各行各业的应用体系。平台层集成了各种云端服务的平台，而传输层则是开展信息传递的通信网络系统，主要分为有线传输网、无线局域网和移动通信网等不同形式。感知层的作用是利用条码、射频识别、二维码、蓝牙等自动识别技术来获得目标物品的相关信息。目前国内的物联网包含四大支柱，其侧重点也不尽相同，分别是 RFID、传感网、M2M、两化融合。虽然行业内对其理解认知不同，但对物联网架构分类却非常清晰。四大架构如图 3-45 所示。

图 3-45 物联网四层结构

3.10.3 物联网的关键技术

1. 网络通信技术

无论物联网的定义被如何解读，其中不变的一项核心技术就是物与物进行通信交流。其网络通信技术有多种类型，一般主要核心技术有交换技术、无线技术及网关技术等。M2M 技术的应用推动物联网的发展变得实际。M2M 技术又被称为"机器对机器"的信息技术，主要是指通过系统与机器间建立联系的一种方式和工具。该技术的应用范围十分广泛，一般能够结合 WiFi 技术等近距离的信息传递技术，还能够利用 CPRS 等远距离信息传输连接技术。目前的 M2M 技术应用还只能做到机器和机器，其功能性受限，但在未来的发展中，M2M 技术将会具体渗透到各个行业，比如说交通、电力、医疗等。现在我们要大力发展短程信息无线交换技术，从目前的发展情况来看，其对物联网的开发应用是非常有帮助的。

网络通信技术的主要作用是为物联网提供稳定的数据传输渠道，由于物联网的应用离不开网络信息通信系统的参与，所以要不断优化通信技术，为将来物联网的进步提供坚实的基础，也能够为物联网的更宽更深层次的应用带来更多的可能性。

2. 传感器技术

传感器在收集信息数据的时候起着十分重要的作用，因为它是系统中必不可少的信息采集工具。图 3-46 展示的就是常见的传感器。如果在没有传感器的前提下进行信息数据的收集，那么这样收集到的信息肯定是缺失的，缺失的信息用来处理及分析，其过程肯定会有问题，而且这样构成的物联网系统也是不完整的，在执行命令时也无法发挥其应有的作用。

传感器在很多领域都有所应用。比如在某国际机场的防入侵系统中就使用了传感器技

图 3-46 传感器

(a) 声音传感器；(b) 气体传感器

术，大约有 3 万个传感器节点，实现了地面和低空领域的全覆盖，能够实现防止恐怖袭击等功能，可见现在的传感器技术的应用已经十分普遍了。

3. 射频技术

射频技术是整个物联网运行的核心，它一般来说主要作用是信息传递及对信息进行识别，目前对识别速度和识别质量的要求也越来越高。常用射频信号来完成识别功能，因此这项技术是研发的关键，如图 3-47 所示。

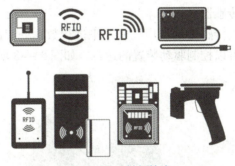

图 3-47 射频技术

射频识别技术一般采用先进的方法，对不同状态下的装置进行识别。其不要求大量人力的投入，就能够用来识别绝大部分对象，因此在一些制造商中被普遍使用。

3.11 物联网感知技术

1. 传感器技术

人是通过视觉、嗅觉、听觉及触觉等感觉来感知外界的信息，感知的信息输入大脑进行分析判断和处理，大脑再指挥人做出相应的动作，这是人类认识世界和改造世界具有的最基本的能力。但是通过人的五官感知外界的信息非常有限，例如，人无法利用触觉来感知超过几十甚至上千摄氏度的温度，而且也不可能辨别温度的微小变化，这就需要电子设备的帮助。同样，利用电子仪器特别像计算机控制的自动化装置来代替人的劳动时，计算机类似于人的大脑，而仅有大脑而没有感知外界信息的"五官"显然是不够的，计算机也还需要它们的"五官"——传感器。

传感器是一种检测装置，能感受到被检测的信息，并能将检测感受到的信息按一定规律变换成电信号或其他所需形式的信息输出，以满足信息的传输、处理、存储、显示、记录和控制等要求。它是实现自动检测和自动控制的首要环节。传感器可以独立存在，也可以与其他设备以一体方式呈现，但无论哪种方式，它都是物联网中的感知和输入部分。在未来的物联网中，传感器及其组成的传感器网络将在数据采集前端发挥重要的作用。

传感器的分类方法多种多样，比较常用的有按传感器的物理量、工作原理、输出信号的性质这3种方式来分类。此外，按照是否具有信息处理功能来分类的意义越来越重要，特别是在物联网时代。按照这种分类方式，传感器可分为一般传感器和智能传感器。一般传感器采集的信息需要计算机进行处理；智能传感器带有微处理器，本身具有采集、处理、交换信息的能力，具备高数据精度、高可靠性与高稳定性、高信噪比与高分辨力、强自适应性、低价格性能比等特点。

传感器是摄取信息的关键器件，它是物联网中不可缺少的信息采集手段，也是采用微电子技术改造传统产业的重要方法，对提高经济效益、科学研究与生产技术的水平有着举足轻重的作用。传感器技术水平高低不但直接影响信息技术水平，还影响信息技术的发展与应用。目前，传感器技术已渗透到科学和国民经济的各个领域，在工农业生产、科学研究及改善人民生活等方面起着越来越重要的作用。

下面介绍几种常用的传感器：

红外线传感器：红外线传感器是利用红外线来进行数据处理的一种传感器，有灵敏度高等优点，红外线传感器可以控制驱动装置的运行，如图3-48所示。

图3-48 红外线传感器

红外线传感器常用于无接触温度测量、气体成分分析和无损探伤，在医学、军事、空间技术和环境工程等领域得到广泛应用。例如，采用红外线传感器远距离测量人体表面温度的热像图，可以发现温度异常的部位。

温湿度传感器：温湿度传感器是一种装有湿敏和热敏元件，能够用来测量温度和湿度的传感器装置，有的带有现场显示，有的不带现场显示。温湿度传感器由于具有体积小、性能稳定等特点，被广泛应用在生产生活的各个领域，如图3-49所示。

项目三　工业网络技术基础

图 3-49　温湿度传感器

压力传感器：压力传感器通常由压力敏感元件和信号处理单元组成。按不同的测试压力类型，压力传感器可分为表压传感器、差压传感器和绝压传感器，如图 3-50 所示。

图 3-50　压力传感器

压力传感器是工业实践中最为常用的一种传感器，其广泛应用于各种工业自控环境，涉及水利水电、铁路交通、智能建筑、生产自控、航空航天、军工、石化、油井、电力、船舶、机床、管道等众多行业。

2. RFID 技术

RFID 是射频识别（Radio Frequency Identification）的英文缩写，它是 20 世纪 90 年代开始兴起的一种自动识别技术，利用射频信号通过空间电磁耦合实现无接触信息传递并通过所传递的信息实现物体识别。RFID 既可以看作是一种设备标识技术，也可以归类为短距离传输技术。

RFID 是一种能够让物品"开口说话"的技术，也是物联网感知层的一个关键技术。在对物联网的构想中，RFID 标签中存储着规范而具有互用性的信息，通过有线或无线的方式把它们自动采集到中央信息系统，实现物品（商品）的识别，进而通过开放式的计算机网络实现信息交换和共享，实现对物品的"透明"管理。

RFID 系统主要由三部分组成：电子标签（Tag）、读写器（Reader）和天线（Antenna），如图 3-51 所示。其中，电子标签芯片具有数据存储区，用于存储待识别物品的标识信息；读写器是将约定格式的待识别物品的标识信息写入电子标签的存储区中（写入功能），或在读写器的阅读范围内以无接触的方式将电子标签内保存的信息读取出来（读出功能）；天线用于发射和接收射频信号，往往内置在电子标签和读写器中。

RFID 技术的工作原理是：电子标签进入读写器产生的磁场后，读写器发出的射频信

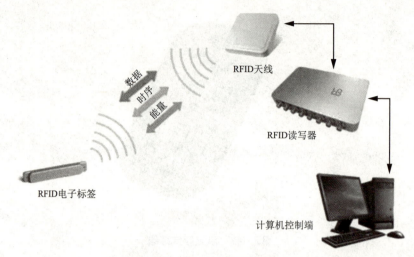

图 3-51 射频识别系统

号，凭借感应电流所获得的能量发送出存储在芯片中的产品信息（无源标签或被动标签），或者主动发送某一频率的信号（有源标签或主动标签）；读写器读取信息并解码后，送至中央信息系统进行有关数据处理。

由于 RFID 具有无须接触、自动化程度高、耐用可靠、识别速度快、适应各种工作环境、可实现高速和多标签同时识别等优势，因此可用于广泛的领域，如物流和供应链管理、门禁安防系统、道路自动收费、航空行李处理、文档追踪/图书馆管理、电子支付、生产制造和装配、物品监视、汽车监控、动物身份标识等以简单 RFID 系统为基础，结合已有的网络技术、数据库技术、中间件技术等，构筑一个由大量联网的读写器和无数移动的标签组成的，比 Internet 更为庞大的物联网，成为 RFID 技术发展的趋势。

射频识别技术是物联网感知层的核心技术，我们必须完整理解并掌握它，以科学发展观思想为核心，不断创新和拓展射频识别技术在我国工业网络中的应用。

3. 二维码技术

二维码（2-dimensional bar code）技术是物联网感知层实现过程中最基本和关键的技术之一。二维码也叫二维条码或二维条形码，是用某种特定的几何形体按一定规律在平面上分布（黑白相间）的图形来记录信息的应用技术。从技术原理来看，二维码在代码编制上巧妙地利用构成计算机内部逻辑基础的"0"和"1"比特流的概念，使用若干与二进制相对应的几何形体来表示数值信息，并通过图像输入设备或光电扫描设备自动识读，以实现信息的自动处理。与一维条码相比，二维码有着明显的优势，归纳起来主要有以下几个方面：

数据容量更大，二维码能够在横向和纵向两个方位同时表达信息，因此能在很小的面积内表达大量的信息；超越了字母数字的限制；条码相对尺寸小；具有抗损毁能力。此外，二维码还可以引入保密措施，其保密性较一维码要强很多。二维码可分为堆叠式/行排式二维码和矩阵式二维码。其中，堆叠式/行排式二维码在形态上是由多行短截的一维码堆叠而成的；矩阵式二维码以矩阵的形式组成，在矩阵相应元素位置上用"点"表示二进制"1"，用"空"表示二进制"0"，并由"点"和"空"的排列组成代码。

二维码具有条码技术的一些共性：每种码制有其特定的字符集；每个字符占有一定的宽度；具有一定的校验功能等。二维码的特点归纳如下：

①高密度编码，信息容量大。可容纳多达 1 850 个大写字母或 2 710 个数字或 1 108 个字节或 500 多个汉字，比普通条码信息容量高几十倍。

②编码范围广。二维码可以把图片、声音、文字、签字、指纹等能够数字化的信息进行编码，并用条码表示。

③容错能力强，具有纠错功能。二维码因穿孔、污损等引起局部损坏时，甚至损坏面积达 50%，仍可以正确得到识读。

④译码可靠性高。比普通条码译码错误率百万分之二要低得多，误码率不超过千万分之一。

⑤可引入加密措施。保密性、防伪性好。

⑥成本低，易制作，持久耐用。

⑦条码符号形状、尺寸大小比例可变。

⑧二维码可以使用激光或 CCD 摄像设备识读，十分方便。与 RFID 相比，二维码最大的优势在于成本较低，一条二维码的成本仅为几分钱，而 RFID 标签因其芯片成本较高，制造工艺复杂，价格较高。表 3-1 对这两种标识技术进行了比较。

表 3-1 RFID 与二维码对比

项目	RFID	二维码
读取数量	可同时读取多个 RFID 标签	一次只能读取一个二维码
读取条件	RFID 标签不需要光线就可以读取或更新	二维码读取时需要光线
容量	存储资料的容量大	存储资料的容量小
读写能力	电子资料可以重复写	资料不可更新
读取方便性	RFID 标签可以很薄，如在包内仍可读取资料	二维码读取时需要清晰可见
资料准确性	准确性高	需靠人工读取，有人为疏失的可能性
坚固性	RFID 标签在严酷、恶劣与肮脏的环境下仍然可读取资料	当二维码污损时，将无法读取，无耐久性
高速读取	在高速运动中仍可读取	移动中读取有所限制

4. ZigBee

ZigBee 是一种短距离、低功耗的无线传输技术，是一种介于无线标记技术和蓝牙之间的技术，它是 IEEE 802.15.4 协议的代名词，如图 3-52 所示。ZigBee 的名字来源于蜂群使用的赖以生存和发展的通信方式，即蜜蜂靠飞翔和"嗡嗡"（Zig）地抖动翅膀与同伴传递新发现的食物源的位置、距离和方向等信息，也就是说，蜜蜂依靠这样的方式构成了群体中的通信网络。ZigBee 采用分组交换和跳频技术，并且可使用 3 个频段，分别是 2.4 GHz 的公共通用频段、欧洲的 868 MHz 频段和美国的 915 MHz 频段。ZigBee 主要应用在短距离范围并且数据传输速率不高的各种电子设备之间。与蓝牙相比，ZigBee 更简单、速率更慢、功率及费用也更低。同时，由于 ZigBee 技术的低速率和通信范围较小的特点，也决定了

ZigBee 技术只适用于承载数据流量较小的业务。

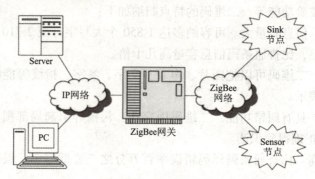

图 3-52 ZigBee 网络

ZigBee 技术主要包括以下特点：

①数据传输速率低。只有 10~250 Kb/s，专注于低传输应用。

②低功耗。ZigBee 设备只有激活和睡眠两种状态，而且 ZigBee 网络中通信循环次数非常少，工作周期很短，所以一般来说两节普通 5 号干电池可使用 6 个月以上。

③成本低。因为 ZigBee 数据传输速率低，协议简单，所以大大降低了成本。

④网络容量大。ZigBee 支持星型、簇型和网状型网络结构，每个 ZigBee 网络最多可支持 255 个设备，也就是说，每个 ZigBee 设备可以与另外 254 台设备相连接。

⑤有效范围小。有效传输距离为 10~75 m，具体依据实际发射功率的大小和各种不同的应用模式而定，基本上能够覆盖普通的家庭或办公室环境。

⑥工作频段灵活。使用的频段分别为 2.4 GHz、868 MHz（欧洲）及 915 MHz（美国），均为免执照频段。

⑦可靠性高。采用了碰撞避免机制，同时，为需要固定带宽的通信业务预留了专用时隙，避免了发送数据时的竞争和冲突；节点模块之间具有自动动态组网的功能，信息在整个 ZigBee 网络中通过自动路由的方式进行传输，从而保证了信息传输的可靠性。

⑧时延短。ZigBee 针对时延敏感的应用做了优化，通信时延和从休眠状态激活的时延都非常短。

⑨安全性高。ZigBee 提供了数据完整性检查和鉴定功能，采用 AES-128 加密算法，同时，根据具体应用可以灵活确定其安全属性。

由于 ZigBee 技术具有成本低、组网灵活等特点，可以嵌入各种设备，在物联网中发挥重要作用。其目标市场主要有 PC 外设（鼠标、键盘、游戏操控杆）、消费类电子设备（电视机、CD/VCD/DVD 等设备上的遥控装置）、家庭内智能控制（照明、煤气计量控制及报警等）、玩具（电子宠物）、医护（监视器和传感器）、工控（监视器、传感器和自动控制设备）等非常广阔的领域。

5. 蓝牙

蓝牙（Bluetooth）是一种无线数据与语音通信的开放性全球规范，和 ZigBee 一样，也是一种短距离的无线传输技术，如图 3-53 所示。其实质内容是为固定设备或移动设备之间的通信环境建立通用的短距离无线接口，将通信技术与计算机技术进一步结合起来，是各种设备在无电线或电缆相互连接的情况下，能在短距离范围内实现相互通信或操作的一种技术。

图 3-53 蓝牙

蓝牙采用高速跳频（Frequency Hopping）和时分多址（Time Division Multiple Access，TDMA）等先进技术，支持点对点及点对多点通信。其传输频段为全球公共通用的 2.4 GHz 频段，能提供 1 Mb/s 的传输速率和 10 m 的传输距离，并采用时分双工传输方案实现全双工传输。

蓝牙除具有和 ZigBee 一样，可以全球范围适用、功耗低、成本低、抗干扰能力强等特点外，还有许多它自己的特点：

①可同时传输语音和数据。蓝牙采用电路交换和分组交换技术，支持异步数据信道、三路语音信道及异步数据与同步语音同时传输的信道。

②可以建立临时性的对等连接（Ad Hoc Connection）。

③开放的接口标准。为了推广蓝牙技术的使用，蓝牙技术联盟（Bluetooth SIG）将蓝牙的技术标准全部公开，全世界范围内的任何单位和个人都可以进行蓝牙产品的开发，只要最终通过 Bluetooth SIG 的蓝牙产品兼容性测试，就可以推向市场。

蓝牙作为一种电缆替代技术，主要有三类应用：语音/数据接入、外围设备互联和个人局域网（PAN）。在物联网的感知层，主要是用于数据接入。蓝牙技术有效地简化移动通信终端设备之间的通信，也能够成功地简化设备与因特网之间的通信，从而使数据传输变得更加迅速、高效，为无线通信拓宽了道路。ZigBee 和蓝牙是物联网感知层典型的短距离传输技术。

任务实施

针对本节的学习内容，请同学们思考下面两个问题：

①结合本节内容，请自行查阅网络和书籍资料，分析物联网分层结构的特点和要求。

②列举感知层的几种技术的应用。

大显身手

一、选择题

1. 物联网有三个层次，除了（   ）。
   A. 感知层   B. 网络层   C. 会话层   D. 应用层

2. NFC 是（   ）技术的应用。
   A. 射频识别技术   B. 大数据技术   C. 人工智能技术   D. 移动支付技术

二、问答题

1. 什么是物联网？

2. 物联网分为哪几个层次？并简述其功能。

3. 详细阐述物联网的感知层的应用。

项目四

工业网络组建

项目引入

工业互联网建设包括网络、平台、安全三大功能体系,网络是基础,平台是核心,安全是保障。工业互联网的网络体系将连接对象延伸到机器设备、工业产品和工业服务,可以实现人、机器、车间、企业等主体及设计、研发、生产、管理、服务等产业链各环节的全要素的泛在互联,以及数据的顺畅流通。工业网络的组建主要涉及工业网络系统的设计、工业网络设备的安装与部署,以及工业网络系统软件的安装、配置和维护。

知识图谱

项目四知识图谱如图 4-1 所示。

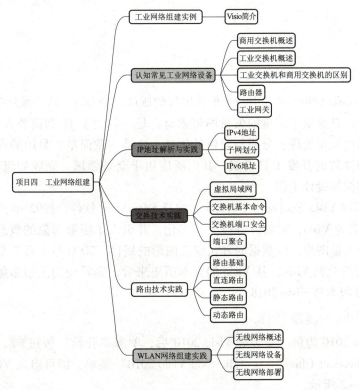

图 4-1 项目四知识图谱

任务 1　工业网络组建实例

学习目标

知识目标	能力目标	素质目标
◇ 了解 Visio 绘图软件及文档的基本属性 ◇ 了解 Visio 绘图模具的作用	◇ 掌握形状工具、文本编辑、模具的使用 ◇ 能够利用 Visio 软件绘制工业互联网拓扑图	◇ 培养认真、严谨的行为习惯

任务分析

学习了前面章节后,现在要进入工业互联网组建施工阶段,但还缺少工业网络物理结构拓扑图。Visio 软件是专业的绘图软件,下面一起来学习软件的使用。

知识精讲

4.1　Visio 简介

4.1.1　认识 Visio

Visio 是 Microsoft Office 家庭中一个单独出售的成员,是 Office 软件系列中一款专业的商用矢量绘图软件。其提供了大量的矢量图形素材,是一款便于 IT 和商务人员就复杂信息、系统和流程进行可视化处理、分析与交流的软件。这是一款简单、易用的入门级示意图设计工具,可以与微软的开发工具集成,其广泛应用于众多领域,完成如流程图、结构图、数据库、程序结构等设计工作。

1991 年,美国 Visio 公司推出了 Visio 的前身 Shapeware 软件。1992 年,Visio 公司正式将 Shapeware 更名为 Visio,对软件进行大幅优化,并引入了图形对象的概念,允许用户更方便地控制各种矢量图形,以数据的方式定义图形的属性。2000 年 1 月 7 日,微软公司以 15 亿美元股票交换收购 Visio。从 Visio 的版本历史来看,先后经历了很多版本的迭代。目前,Visio 的最新版本是 Visio 2018。

4.1.2　Visio 的基本操作

本节以 Visio 2010 为例。安装好 Visio 2010 后,单击"开始"按钮,依次选择"所有程序"→"Microsoft Office"→"Microsoft Visio 2010"菜单,即可启动 Visio 2010。打开后的界面如图 4-2 所示。

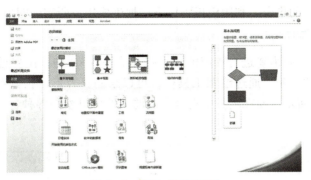

图 4-2　Visio 2010 界面

在"开始使用的其他方式"中选择"空白绘图",可以创建新的绘图页。例如选择"流程图"→"基本流程图",如图 4-3 所示。

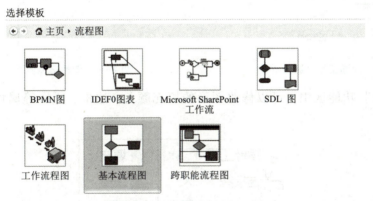

图 4-3　流程图模板选择界面

一个 Visio 绘图环境主要由标题栏、功能区、模具、图件、绘图区、任务窗格、状态栏等构成,如图 4-4 所示。

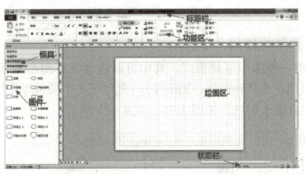

图 4-4　Visio 绘图环境

首先了解 Visio 中模具、图件和模板三要素。

模具：指与模板相关联的图件（或称形状）的集合。利用模具可以迅速生成相应的图形。模具中包含了图件。

图件：可以用来反复创建要绘制的图形。

模板：是一组模具和绘图区的设置信息,是针对某种特定的绘图任务或样板而组织起来的一系列主控图形的集合。利用模板可以方便地生成用户所需的图形。

4.1.3 Visio 图形操作

创建好 Visio 后,就需要进行相应的图形操作。在 Visio 中,主要通过绘图工具栏和模具来组合完成图形的绘制。通过绘图工具栏,可以绘制正方形、长方形、圆、直线和曲线等图形,如图 4-5 所示。而在模具中选择合适的图件可以绘制各种各样的专业图形,如图 4-6 所示。

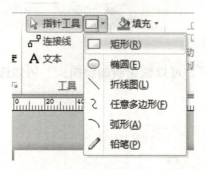 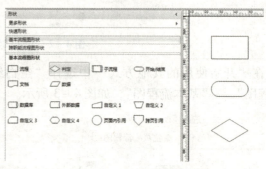

图 4-5　绘图工具栏选择界面　　　　图 4-6　图件选择界面

在"形状"功能区中,可以修改图形的填充颜色、边框、阴影等属性,如图 4-7 所示。

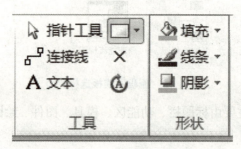

图 4-7　图形属性设置

4.1.4 Visio 模具的使用

模具是 Visio 中的一种图形素材格式,其中可以包含各种图形元素或图像,Visio 2010 提供了丰富的模具供用户选择和调用。Visio 2010 提供了 8 个模板类别,每个模板包含若干模具,每个模具又包含若干图件,如图 4-8~图 4-11 所示。

图 4-8　模板类别

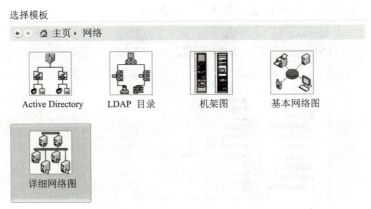

图 4-9　网络模板

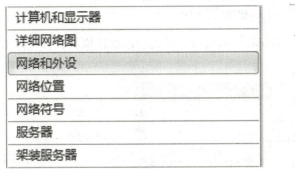

图 4-10　网络类模具

图 4-11　网络和外设图件

绘图过程中，也可以外置模具。具体操作如下：

①单击"更多形状"选项，选择"打开模具"，如图 4-12 所示。

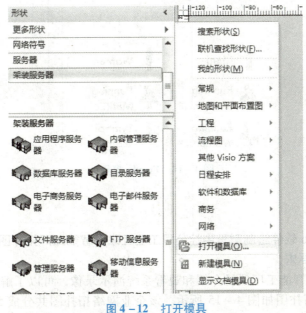

图 4-12　打开模具

②找到外置模具所在文件目录，如图 4-13 所示。

图 4-13 选择所需模具

③以"People"模具为例，单击"People"模具后，将成功添加该模具，并显示对应的图件，如图 4-14 所示。

图 4-14 People 模具

任务实施

任务：利用 Visio 软件绘制耐思中控公司工业互联网智能工厂拓扑图。

1. 案例背景与要求

通过工业互联网智能工厂项目介绍和观看系统演示录像，可以了解系统的功能。工业互联网智能工厂的拓扑图如图 4-15 所示。该企业网络拓扑图共分成 5 个区域：生产区、办公区、服务器群、异地分公司办公区、核心区。

项目四 工业网络组建

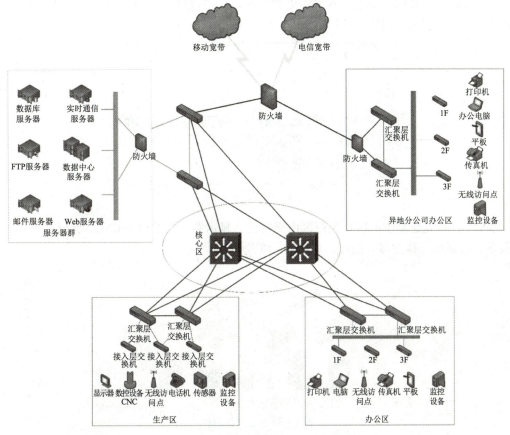

图4-15 工业互联网智能工厂拓扑图

每个生产区由数控设备CNC、机器人设备、工业控制PLC设备、HMI组成,每个节点都有固定的IP地址,通过交换机组网,通过CNC网关、PLC网关、OPC网关将数据发送至服务器,每个车间的检测系统组成了一个工业互联网。客户端用户可以通过电脑、手机等终端设备,通过Internet访问数据中心,从而实现对每个节点状态及数据的实时监测。

2. 工业互联网智能工厂拓扑图绘制

步骤1:打开Microsoft Office Visio 2010软件。在默认窗口中,在模具类别中选择"网络"→"详细网络图",单击"创建"按钮,如图4-16所示。

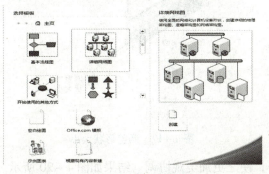

图4-16 Visio模板

127

步骤2：为了使图件颜色、效果等更加丰富，在"设计"菜单栏中选择"波形 颜色 简单阴影 效果"主题，如图4-17所示。

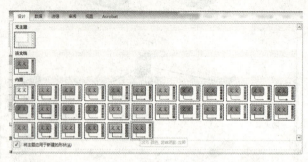

图4-17 选择主题

步骤3：首先绘制生产区。生产区由交换机、显示器、数控设备CNC、无线访问点、监控设备、电话机、传感器等组成，如图4-18所示。

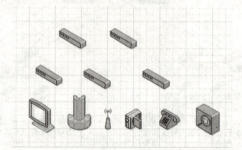

图4-18 生产区图件

①在"网络和外设"模具中选择交换机、无线访问点、摄像机（充当监控设备）、超级计算机（充当数控设备CNC）、电话机。
②在"计算机和显示器"模具中选择LED显示器。
③在"网络符号"模具中选择探测器（充当传感器）。
步骤4：调整大小。选择需要调整的图件，单击图件四周的小方块，如图4-19所示。

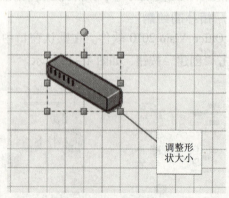

图4-19 调整形状大小

调整所有图形大小，使之更加美观协调。结果如图4-20所示。
步骤5：添加图件说明。

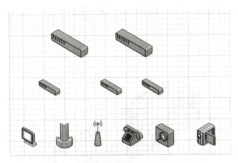

图4-20　调整大小后效果图

有两种方法：

方法1：利用文本框添加说明。

①单击"插入"菜单栏，选择"文本框"→"横排文本框"，如图4-21所示。

图4-21　选择"横排文本框"

②在所需添加说明的图件下方插入文本框，并输入相应的文字，如图4-22所示。

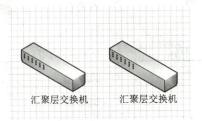

图4-22　添加交换机说明

可以发现，直接添加的文字太小，还需要在"开始"→"字体"菜单栏中修改字号大小。效果如图4-23所示。

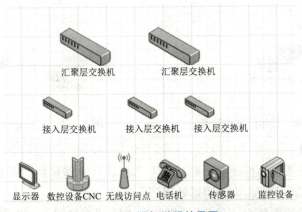

图4-23　添加说明效果图

方法2：直接双击图件添加说明，如图4-24所示。

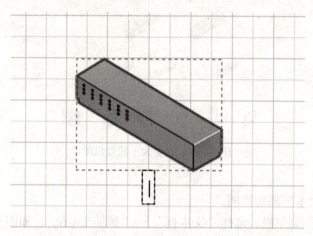

图4-24 双击图件添加说明

步骤6：添加设备连接线。
①单击"工具"功能区的"指针工具"按钮，选择"折线图"，如图4-25所示。

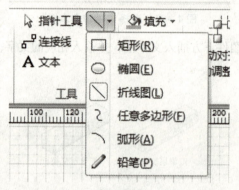

图4-25 选择"折线图"

②将鼠标移至图件上（以汇聚层交换机为例），可以看到汇聚层交换机上显示红色正方形，如图4-26所示。按住鼠标左键画折线，并延伸至另一交换机，如图4-27所示。

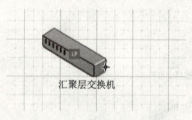

图4-26 显示红色粘贴点

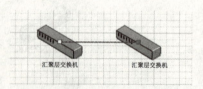

图4-27 添加交换机互连线

③设置折线属性。
可以发现，直接添加的折线有阴影，单击"形状"功能区的"阴影"按钮，可以修改阴影效果。如图4-28所示，去除阴影效果。
还需要调整折线的颜色为"黑色"，粗细为"1 pt"，如图4-29和图4-30所示。

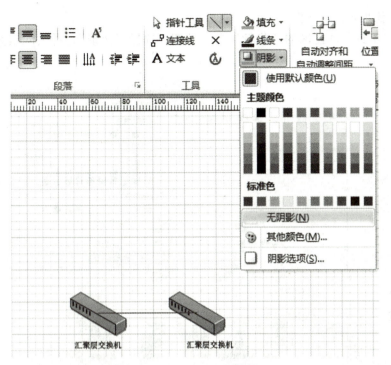

图4-28 去除阴影效果

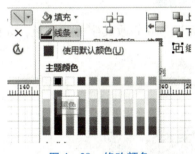

图4-29 修改颜色

图4-30 修改粗细

步骤7：设置设备连接线的层次。

选中折线后，右击鼠标，选择"置于底层"→"置于底层"，如图4-31所示。

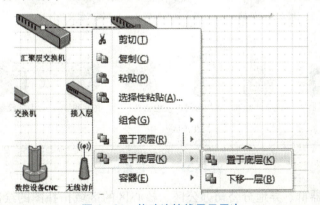

图4-31 修改连接线显示层次

步骤8:添加生产区方框。

①单击"工具"功能区的"指针工具"按钮,选择"矩形",并去除填充颜色,如图4-32所示。

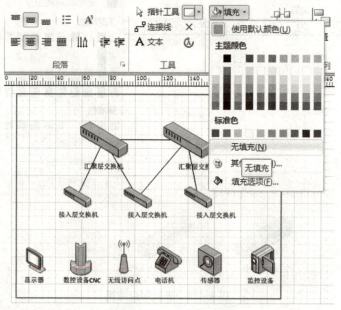

图4-32 添加生产区方框

②利用文本框在方框内添加"生产区"文字标识,并修改其字号和颜色,如图4-33所示。

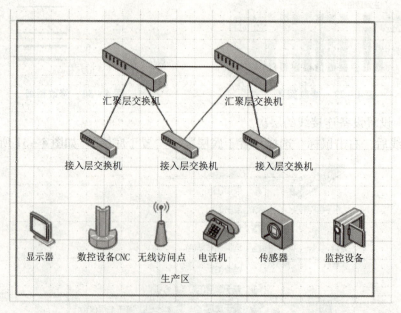

图4-33 生产区拓扑图

办公区、服务器群、异地分公司办公区、核心区的区域拓扑图的绘制步骤类似,这里就不一一讲解了。

大显身手

图4-34所示是某中小型企业网络拓扑结构，请利用Visio软件绘制该网络拓扑图。

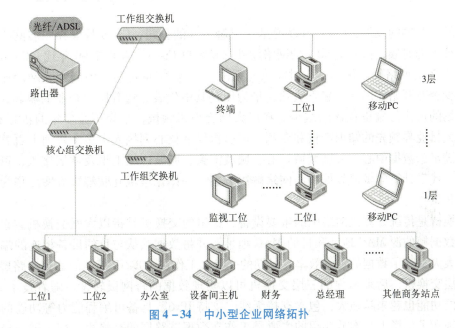

图4-34 中小型企业网络拓扑

任务2 认知常见工业网络设备

学习目标

知识目标	能力目标	素质目标
◇ 理解交换机的基本功能 ◇ 理解工业交换机的基本功能 ◇ 理解路由器的基本功能 ◇ 理解网关的基本功能	◇ 能够区分商用交换机和工业交换机 ◇ 能够掌握网关的基本配置	◇ 树立爱国主义意识 ◇ 在实践中培养诚信、严谨的职业精神

任务分析

一般的工业网络的硬件组成中，除了边缘层需要的数控机床、工业机器人、可编程控制器等常见工业设备外，还会涉及交换机、路由器、网关等网络设备，边缘层设备通过网络层设备进行部署与连接，进行数据的采集上云。通过本任务的学习，可以了解到各种网络设备的功能，能够进行网关的简单部署。

知识精讲

4.2 商用交换机概述

谈及互联网的发展，Cisco 可以说是一家避不开的公司，Cisco 是世界知名网络硬件巨头。最辉煌的时候，世界上 80% 的网络硬件都是来自 Cisco。20 世纪 90 年代，Cisco 一度垄断中国 70% 的网络硬件份额，一时间风光无限。进入 21 世纪后，中国互联网产业高速发展，不少企业开始在国际上崭露头角，华为便是其中代表。随着民族企业的崛起，思科在中国市场的占比份额也在逐渐减少。在以太网交换机领域，华为历经多年的耕耘和发展，积累了大量业界领先的知识产权和专利，可以提供从核心到接入十多个系列上百款交换机产品，满足云数据中心、大型城域核心、城域汇聚、城域边缘汇聚及城域接入，可以提供面向下一代云计算的敏捷数据中心网络解决方案、一体化城域互联解决方案。华为是中华民族的骄傲。

交换机是传统计算机网络中的重要设备，这里的交换机是指以太网交换机。它能识别以太网数据帧的源 MAC 地址和目的 MAC 地址，并将数据帧从与目的设备相连的端口转发出去，大大提高了数据的转发效率。早期的交换机工作在 TCP/IP 模型的数据链路层，因此称为二层交换机，后来出现的三层交换机可以实现数据的跨网段转发。随着技术的发展，交换机的功能也越来越强大，包含支持无线、支持 IPv6、具备可编程能力等功能的交换机已经出现在了市场上。本节介绍的主要是工作在数据链路层的交换机，即二层交换机，如图 4-35 所示。

图 4-35 交换机

商用交换机概述

交换机由网桥发展而来，其是一种多端口的网桥，通过在交换机内部配备大容量的交换式背板来实现高速数据交换。网桥的端口数较少，通常只有 2~4 个端口，而交换机通常具有较高的端口密度。交换机的每个端口都可以接入一个网段，也可以直接接入用户主机。在交换机中，有一张 MAC 地址表，表中存放着主机的 MAC 地址与交换机端口的映射关系。交换机可以通过识别数据包中的 MAC 地址信息，然后根据 MAC 地址查询 MAC 地址表进行数据转发。如图 4-36 所示，主机 A 要发送数据给主机 B，先将数据发往交换机，交换机收到数据后，首先取出数据中的目的 MAC 地址 000B-1000-2222，接下来查询 MAC 地址表，查出其映射的端口号为 E2，然后将数据从 E2 端口转发给主机 B。若交换机同时收到多个数据，并且它们的输出端口不同，交换机将建立多条物理连接，在这些连接上同时转发各自的数据帧，从而实现数据的并发传输。因此，交换机是并行工作的，它支持多个信源与信宿端口之间同时并发通信，大大提高了数据转发的速率。

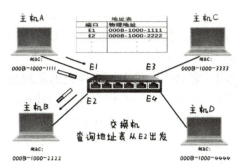

图 4-36　交换机转发数据包

交换机的种类很多，各个厂商的产品类型非常丰富。按照网络部署层次，交换机可以分为接入层交换机、汇聚层交换机和核心层交换机；按照 TCP/IP 模型的功能层次，交换机可以分为二层交换机和三层交换机；按照工作位置的不同，交换机可以分为广域网交换机和局域网交换机；按照交换机的外观，又可以分为盒式交换机和机架式交换机等。

企业网络组建时，对于网络规模较小的公司，一般会采用如图 4-37 所示的树形结构。

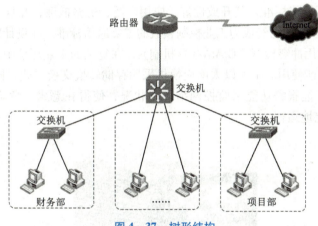

图 4-37　树形结构

当网络规模进一步增加时，最常用的是分层设计，将一个大型企业园区网设计成如图 4-38 所示的三层结构，每个层级的交换机均采用星形方式与下一层的交换机建立连接。

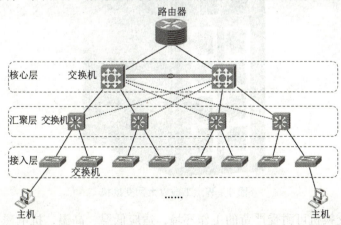

图 4-38　大型企业网络拓扑

1. 接入层

提供网络接入点连接终端用户，接入层交换机具有低成本和高端口密度的特征。

2. 汇聚层

位于接入层和核心层之间，它是多台接入层交换机的汇聚点，并通过流量控制策略对园区网中的流量转发进行优化。近年来，核心层交换机的处理能力越来越强，为了更高效地监控网络状况，通常不再设置汇聚层，而是由接入层直接连接核心层，形成大二层网络结构。

3. 核心层

也称为骨干网，是网络中所有流量的最终汇聚点，通常选择高性能交换机，可实现网络的可靠性、稳定性和高速传输。

4.3 工业交换机概述

工业交换机即工业以太网交换机，即应用于工业控制领域的以太网交换机设备，如图 4-39 所示。由于采用了网络标准，其开放性好、应用广泛、价格低廉，并且使用的是透明而统一的 TCP/IP 协议，以太网已经成为工业控制领域的主要通信标准。在设计以太网时，由于其采用载波侦听多路复用冲突检测（CSMA/CD 机制），在复杂的工业环境中应用，其可靠性大大降低，从而导致不能使用。工业以太网交换机采用存储转换交换方式，同时提高以太网通信速度，并且内置智能报警功能来监控网络运行状况，使得在恶劣、危险的工业环境中保证以太网可靠、稳定地运行。

工业交换机概述、
工业交换机与商用
交换机的区别

图 4-39 工业以太网交换机

工业以太网交换机可耐受严苛的工作环境，适应低温、高温，抗电磁干扰性强，防烟雾，抗震性强。产品系列丰富，端口配置灵活，可满足各种工业领域的使用需求。产品采用宽温设计，防护等级不低于 IP30，支持标准和私有的环网冗余协议。工业交换机的应用十分广泛，在行业应用方面，主要应用于煤矿安全、轨道交通、工厂自动化、水处理系统、城市安防等。

4.4 工业交换机和商用交换机的区别

工业以太网交换机与商用交换机在数据交换功能上基本一致，它们的区别主要体现在以下几个方面。

4.4.1 工业交换机和商用交换机的应用场合

商用交换机一般用在企业办公网络等场合，一般是机架式的，安装在企业机房，通常要求可靠性较高，能够 24 h 不间断长期运行，具有带宽较大、接口较多等特点。

工业交换机一般用在工业生产场合，通常外观和安装形式多样。根据应用场合不同，有防水、防尘、抗震、抗电磁干扰等要求，当然，可靠性要求也很高，同样要 24 h 不间断长期运行。有些自动控制应用要求转发延时低，有些要求冗余电源、24 VDC 电源等。

4.4.2 工业交换机与商用交换机所遵循的标准区别

工业交换机和商用交换机均遵循标准的 802.3 系列以太网协议，为满足工业现场控制系统的应用要求，必须在 Ethernet + TCP/IP 协议之上建立完整、有效的通信服务模型，制定有效的实时通信服务机制，协调好工业现场控制系统中实时和非实时信息的传输服务，形成为广大工控生产厂商和用户所接受的应用层、用户层协议，进而形成开放的标准。为此，各现场总线组织纷纷将以太网引入其现场总线体系中的高速部分，利用以太网和 TCP/IP 技术，以及原有的低速现场总线应用层协议，从而构成了所谓的工业以太网协议，如 HSE、PROFINET、Ethernet/IP、EPA 等。

4.4.3 工业交换机和商用交换机的硬件性能的显著区别

工业交换机和商用交换机的功能和性能上存在很多的显著区别，设计理念和设计思路具有较大差别，具体表现在如下几个方面：

通信实时性：在商用应用中，对以太网通信实时性的要求基本不涉及安全问题，而工业过程控制对实时性的要求常常涉及生产设备和人员的安全。商用交换机和工业交换机为了保证一些实时报文数据的传输，均采用基于 802.1p 的 QoS 优先级功能，通过不同的优先级设置保证优先报文的实时性。另外，为了满足更高级别的实时性要求，两种交换机也采用了不同的实现方式：商用交换机一般采用简单网络时间协议 SNTP 来保证系统时钟精度控制在 ms 等级以内；工业交换机一般采用精确时间协议 PTP 协议，保证系统时钟精度控制在 μs 等级甚至 ns 等级以内。

环境适应性：商用环境的温度范围一般为 0 ~ +40 ℃，并且大多具有空调等散热措施，对商用交换机的工作温度范围的要求为 0 ~ +50 ℃；工业环境通常具有极限温湿度，工业交换机工作温度需满足 -40 ~ +85 ℃ 宽温范围，以及 10% ~ 95% 高湿度的要求，才能满足恶劣的工业环境，保证交换机在恶劣的环境下稳定运行。

电磁兼容抗扰性：商用交换机的应用场合具有良好的电磁兼容环境，这样对交换机抗扰的要求不会太高，只要能满足商用二级电磁兼容抗扰性要求即可满足商用环境要求。工业交换机的应用场合中，电磁环境非常复杂，现场的工业设备和设施发出的干扰很复杂，这就需要工业交换机具有非常强的电磁兼容抗扰性，工业交换机设计要满足工业四级抗扰度的要求。

冗余环网和广播风暴的解决方法：为了解决冗余环网引起的广播风暴问题，商用交换机支持标准的环网冗余协议STP或RSTP，冗余恢复时间在30 s以上；工业交换机除了支持标准的环网冗余协议STP或RSTP以外，各工业交换机厂家均开发了属于自己的私有解环协议，如德国Hirschmann厂家的HIPER–Ring协议、中国东土科技厂家的DT–Ring协议簇和DT–VLAN协议、中国台湾Moxa厂家的Turbo–Ring协议等，采用私有解环协议处理后的冗余恢复时间均小于300 ms，最大限度地保护了网络数据在冗余线路故障时引起的数据丢失。

安装方式：商用交换机支持桌面式或者19英寸机架式安装方式，工业交换机为了满足工业现场多种安装方式需求，可支持导轨式、壁挂式。19英寸机架式具有多种安装方式，适应不同工业客户的需求。

防护级别：为了满足客户对外观的需求，商用交换机的外壳设计通常采用注塑的材质，其防护级别达到IP20等级即能满足现场需求；工业交换机为了满足工业现场复杂的环境，需采用金属材质的机壳，防护级别最少要求达到IP40等级，特殊的严酷的环境要求防护级别不低于IP65等级，防尘和防水功能需要优于商用交换机。

全光纤接口设计支持：商用环境对光纤接口支持要求不高，只有跨区域的交换机需要光口的支持，除中心点汇聚交换机外，其他位置的交换机对光纤接口需求不大于4个，商用交换机的业务接口以电口为主。而在工业环境中，由于光纤传输的优势明显，越来越多的应用场合对光纤接口的需求量也越来越大，工业交换机的设计能满足客户对全光纤接口的需求。

接口器件防护等级的要求：商用环境对接口器件要求单一，采用普通的RJ45接口即能满足客户要求。由于不同的工业环境对交换机的接口性能要求不一样，工业交换机会根据不同的客户需求选择不同的适应不同工作环境的以太网接口器件，以满足现场防震防潮的需求，比如普通的工控行业，可选用普通的RJ45接口；车载系统需采用符合IP67防护等级的M12–Dcoding的接头，以满足防震和防腐的严苛需求。工业交换机的光纤接口支持工业环境要求的SC/FC/ST/LC多种选择。

电源输入：商用交换机只需支持单电源输入，工业交换机一般采用冗余双电源设计，满足客户对可靠性的更高要求。

散热方式的处理：商用交换机通常采用风扇和通风孔的方式进行散热。工业交换机采用降低设备功耗和采用肋形机壳面板散热的方式进行散热，保证设备在高低温环境下均能正常、稳定工作。

综上，商用交换机和工业交换机在功能和性能方面均存在较多的区别，在恶劣的工业环境应用中，唯有选择可靠、稳定的工业交换机才能满足现场的需求。随着工控领域的快速发展，对工业交换机的需求越来越广泛，工业交换机发展的速度也越来越快。

4.5 路由器

路由器在 TCP/IP 模型中负责网络层的数据交换与传输，它能够将数据包转发到正确的目的地，并在转发过程中选择最佳的路径。路由器是一种连接多个网络或网段的网络设备，作为不同网络之间互相连接的枢纽，路由器系统构成了基于 TCP/IP 的国际互联网的主体脉络，如图 4-40 所示。路由器的处理速度是网络通信的主要"瓶颈"之一，它的可靠性直接影响着网络互联的质量。因此，在园区网、地区网乃至整个国际互联网研究领域中，路由器技术始终处于核心地位。

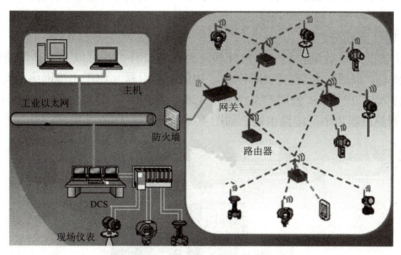

图 4-40 路由器连接图

4.5.1 路由器的功能及特点

1. 网络互联

路由器支持各种局域网和广域网接口，主要用于连接不同类型和不同结构的网络，实现不同网络之间的互相通信。

2. 隔离广播

路由器不转发广播消息，可以把广播风暴信息隔离在源网络内，从而可以减少和抑制广播风暴的影响。

3. 路由选择

路由器介绍及分类

由于路由器具有进行复杂路由选择计算的能力，能够合理、智能化地选择最佳路径，因此，适用于连接两个以上的大规模和具有复杂网络拓扑结构的网络。

4. 网络安全

路由器在工作中还承担着保护内部用户和数据安全的重要责任，主要可通过以下几种方式实现。

（1）地址转换

利用地址转换功能可以将内部的计算机 IP 地址隐藏在网络内部，能避免来自外部的攻击，保护内网。

（2）访问列表

利用访问控制列表可以决定在路由器的接口之间能够通过的数据种类或时间等，限制外网的不良信息进入内网形成干扰。

对于不同规模的网络，路由器作用的侧重点有所不同：
- 在主干网上，路由器的主要作用是路由选择。
- 在地区网中，路由器的主要作用是网络连接和路由选择。
- 在园区网内部，路由器的主要作用是分隔子网。

4.5.2 路由器的分类

路由器种类繁多，市场上产品种类非常丰富。不同的路由器可以从以下几个方面进行分类。

1. 按处理能力划分

根据路由器的端口数量和类型、包处理能力和端口种类，可以分为高端路由器（用于大型网络的核心，以适应复杂的网络环境）、中低端路由器（用于小型网络的互联网接入或企业网远程接入）。以 Cisco 公司产品为例，12800 系列为高端路由器，如图4-41所示；7500以下系列路由器为中低端路由器，如图4-42所示。

图4-41　Cisco 12800 系列路由器

图4-42　Cisco 2900 系列路由器

2. 按结构划分

从结构上分，路由器可分为模块化结构与非模块化结构。模块化结构可以灵活地配置路由器，以适应企业不断增加的业务需求；非模块化结构只能提供固定的端口，如图4-43所示。

3. 按功能划分

按照网络位置部署和任务功能，路由器大致可分为接入路由器、汇聚路由器和核心路由器。

图 4-43　Cisco linksys e1200 无线路由器

4. 按外形样式划分

按照外形样式和体积大小，路由器可分为盒式路由器和框式路由器，如图 4-44 和图 4-45 所示。

图 4-44　Cisco 2901 路由器

图 4-45　Cisco 7606-s 企业路由器

5. 按网络类型划分

根据路由器所连的网络类型，可分为有线路由器和无线路由器。无线路由器如图 4-46 所示。

图 4-46　TP-Link 无线路由器

4.6 工业网关

工业网关，简单地说，就是从一个网络环境连接到另一个网络环境的一种面向工业应用的装置或设备，在使用不同的通信协议、数据格式或语言，甚至体系结构完全不同的两种系统之间移动数据，是最复杂的网络互联设备。例如，从 RS485 网络环境连接到以太网网络环境的一种面向工业应用的装置或设备，即为工业网关。网关是物联网和工控系统的核心组件。网关起的是承上启下的作用。

上即上位机，包括电脑/触屏监控系统、MES、数据应用软件、数据库等。

下即下位机，包括 PLC、传感器、嵌入式芯片等。

不同厂家的下位机，往往使用的是不同的语言，西门子的语言叫 PROFIBUS，施耐德的语言叫 Modbus，AB 的语言叫 Ethernet IP，在楼宇自控领域，还有 BACnet。

网关要担当沟通上、下位机的重任，它的基本功能就是翻译，即协议转换。不管你说哪种方言，最后转给上位机的都是普通话。网关关系图谱如图 4-47 所示。

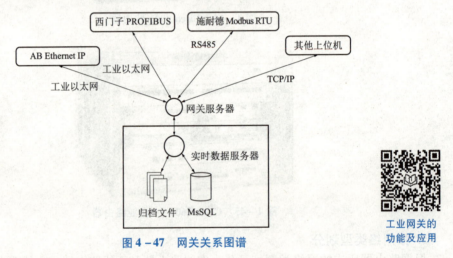

图 4-47 网关关系图谱

目前典型的工业互联网网关有航天云网的 INDICS EDGE 网关、徐工信息的汉云 Box 系列网关等。图 4-48 所示为汉云 Box 网关。汉云 Box 根据连接设备的不同，可分为 Hanyun - Box - CNC、Hanyun - Box-PLC、Hanyun - Box-OPC 等类型。

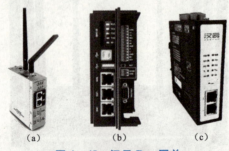

图 4-48 汉云 Box 网关

(a) Hanyun - Box - CNC；(b) Hanyun - Box - PLC；(c) Hanyun - Box - OPC

4.6.1　工业网关的功能及应用

1. 工业网关的功能

我们常见的工业网关功能可以从工业网关的外观开始看起，分为三大类：

（1）单纯的工业网关

如图4-49所示，这些工业网关做不同网络环境的桥接，将来自不同网络环境的数据传递到云端进行处理。

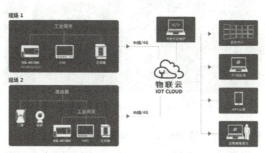

图4-49　工业网关连接图

（2）有数据采集功能的工业网关

除了做不同网络环境的桥接之外，此种工业网关本身也做外部环境的数据撷取与输入/输出控制。

（3）泛为科技工业智能网关

即前两种集成的工业网关，是带路由的数据采集、控制、储存、边缘计算的工业网关。

2. 工业网关在工业物联网方面的重要性

工业网关就像是我们人体的神经，将我们感知到的信息（如视觉、触觉等）通过神经传递到大脑做处理。根据身处的各种不同应用环境，大脑经过运算，判断出要做何种反应，并经由神经传递到全身四肢做出动作。换句话说，假如缺少了工业网关，就像我们人体的神经被切掉一样，无法感知到外界环境的状况，也无法控制自己的动作，像一个植物人或者是四肢不协调的人一样，行为上有所缺失。

因此，工业网关在工业物联网是缺一不可的重要设备，大家要好好使用并维护它。

3. 工业网关应用场景

①工业现场PLC、变频器、机器人等设备远程维护；

②工程机械远程维护和管理；

③车间设备与工艺系统的远程维护和管理；

④小区二次供水水泵远程监测及控制；

⑤油气田和油井等现场的监测和控制；

⑥蒸汽管道和供暖管道的远程监测。

4.6.2　网关与路由器的区别

网关是访问路由器的IP，其他的电脑必须和网关在同一个IP段才能访问路由器。比如，路由器的IP是192.168.0.1（这个就是网关），这也是进路由器必需的地址，其他主机的 IP 也必须是 192.168.0.X（2~254 之间任意一个数字），这样才能访问路由器。

任务实施

本次任务以汉云 Box 系列产品的 Hanyun – Box – PLC 设备为例，学习适配 PLC 的网关配置。

Hanyun – Box – PLC 电源硬件连接如图 4 – 50 所示。在 Hanyun – Box – PLC 网关安装调试时，根据实际需要选择以太网及 WiFi 的联网方式，配置网关的上网信息。可以选择 LAN 口或 USB 线与 PC 进行连接，连接成功后，PC 端通过配置工具对网关的上网信息进行设置。

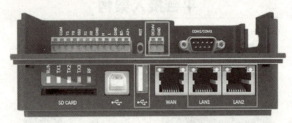

图 4 – 50　Hanyun – Box – PLC 网关产品图

1. Hanyun – Box – PLC 网关与 PC 端的连接步骤

以以太网的通信方式为例，介绍 Hanyun – Box – PLC 网关与 PC 端的连接步骤，此处需要特别注意网关 LAN 口的 IP 地址和 PC 的 IP 地址必须处于同一网段，网关设备的默认 IP 地址为 192.168.1.1。

①打开网关管理软件 XEdge，单击右侧的 按钮，单击"配置工具"选项，如图 4 – 51 所示。

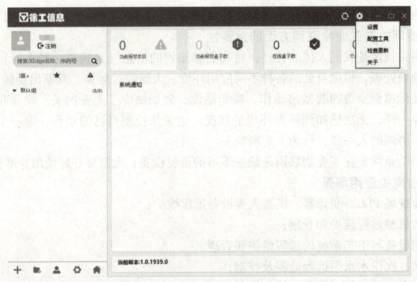

图 4 – 51　通信方式配置步骤 – 1

②建立软件与网关盒子的连接。在菜单中选择"通信"，选择"通信配置"选项卡，如图 4 – 52 所示。

③通信方式有两种：USB、以太网。由于当前设备使用网线接口与 PC 端口连接，因此选择以太网，如图 4 – 53 所示。

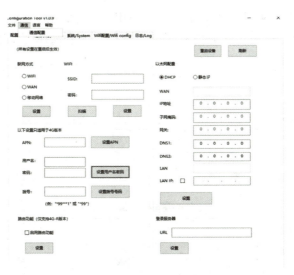

图 4-52 通信方式配置步骤-2

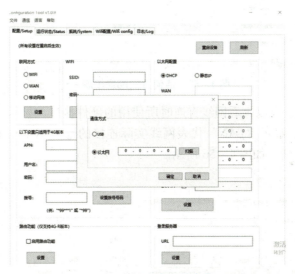

图 4-53 通信方式配置步骤-3

④单击"扫描"按钮,获得 IP 地址,如图 4-54 所示。

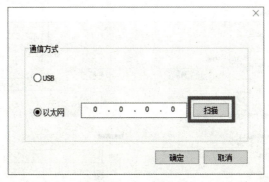

图 4-54 通信方式配置步骤-4

⑤ "当前可用的网卡列表"显示的是当前使用的 PC 可用的连接方式,根据 PC 配置不同而显示不同的选项。根据实际通信方式进行选择,这里选择"以太网",单击"确定"按钮,如图 4-55 所示。

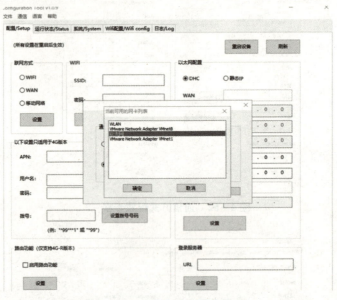

图 4-55 通信方式配置步骤-5

⑥根据扫描结果,可以查看网线直连时所使用的硬件接口。显示"WAN"代表网线实际连接的是 WAN 口;显示"LAN"代表网线实际连接的是 LAN 口。选择待连接的网关盒子,单击"确定"按钮,如图 4-56 所示。

图 4-56 通信方式配置步骤-6

⑦ IP 地址自动填入，单击"确定"按钮，如图 4-57 所示。

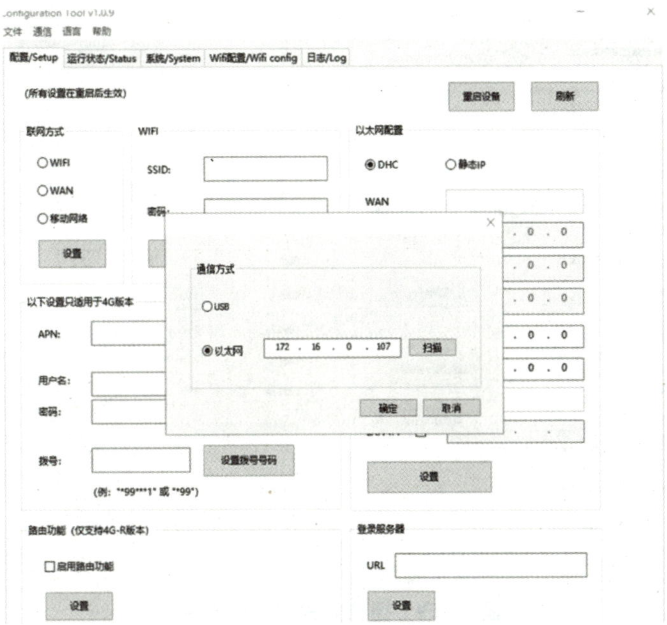

图 4-57　通信方式配置步骤-7

⑧ 连接成功，显示"设置成功!"，单击"确定"按钮，如图 4-58 所示。如果失败，请检查 PC 的 IP 地址与网关盒子的 IP 地址是否处于同一网段。

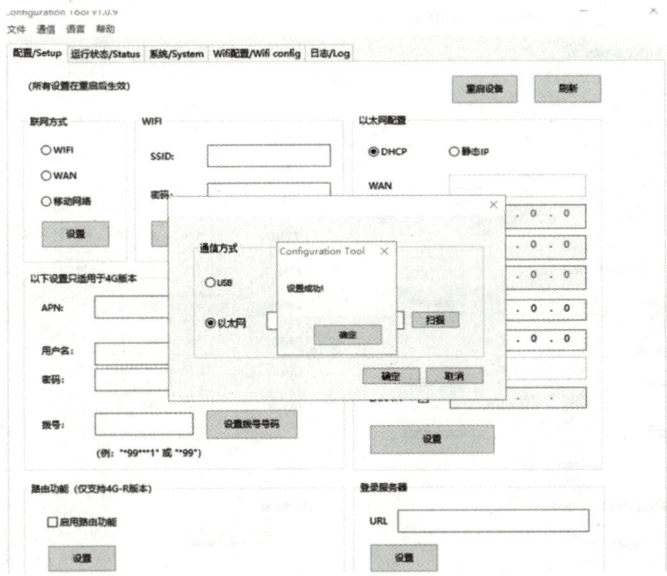

图 4-58　通信方式配置步骤-8

⑨ 联网方式一共有 3 种，分别为"WiFi""WAN""移动网络"。WiFi：网关通过连接无线 WiFi 进入外网；WAN：网关通过网线直连的方式进入外网；移动网络：网关通过安装 SIM 卡，使用对应运营商无线网络的方式进入外网。单击右侧"刷新"按钮，读取当前网关盒子的参数，选择"WAN"，单击"设置"按钮，如图 4-59 所示。

图 4-59 通信方式配置步骤-9

⑩以太网配置分为"DHCP"和"静态 IP"两种。DHCP:自动分配地址;静态 IP:固定地址,这里选择静态 IP,如图 4-60 所示。

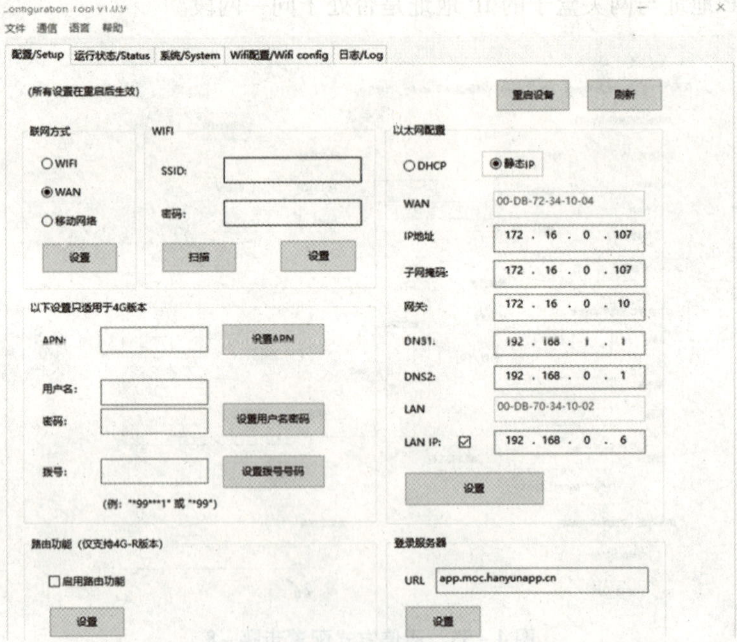

图 4-60 通信方式配置步骤-10

⑪根据规划对 IP 地址、子网掩码、网关、DNS1、DNS2、LAN IP 等进行填写,单击"设置"按钮,如图 4-61 所示。图中地址仅做参考,实际配置按照规划地址填写。

图 4-61　通信方式配置步骤-11

⑫设置服务器地址 URL（Uniform Resource Locator，统一资源定位系统）：app. moc. hanyunapp. cn，单击"设置"按钮，如图 4-62 所示。

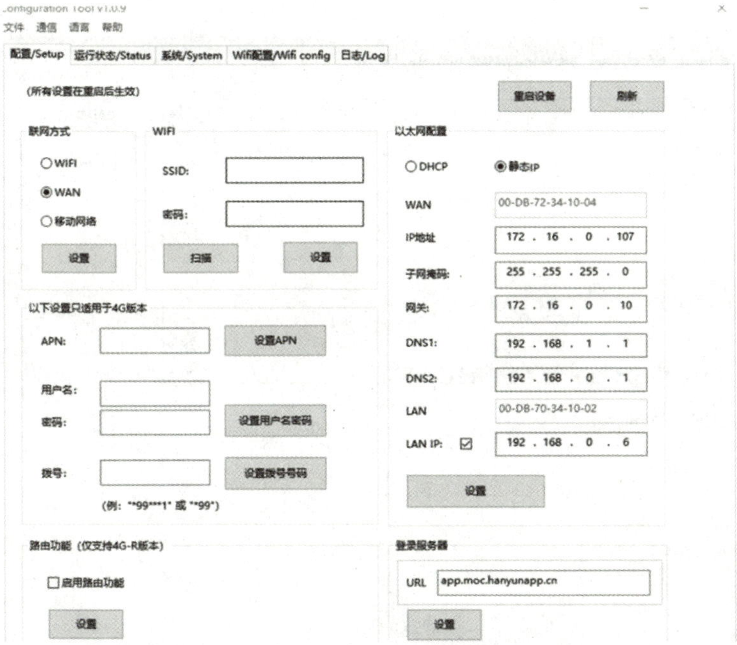

图 4-62　通信方式配置步骤-12

⑬单击右侧"重启设备"按钮，等待 20 s 使配置生效，单击"确定"按钮，如图 4-63 所示。

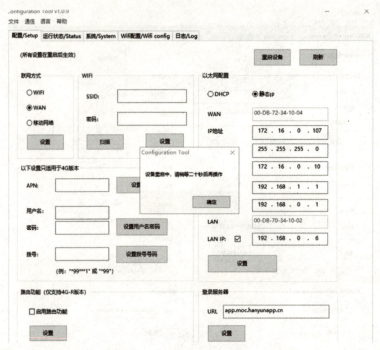

图 4-63 通信方式配置步骤-13

⑭选择"日志/Log"标签页,单击"刷新日志"按钮,查看日志信息,如图 4-64 所示。

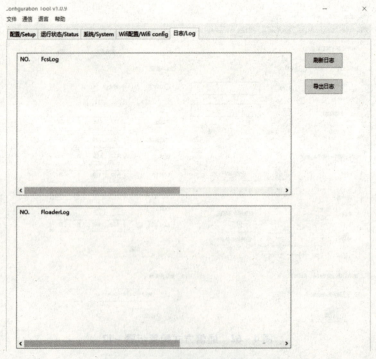

图 4-64 通信方式配置步骤-14

⑮刷新成功后,日志内显示"盒子登录服务器成功"等信息,代表网关盒子成功登录服务器,如图4-65所示。

图4-65　通信方式配置步骤-15

⑯选择"运行状态/Status"标签页,单击"刷新"按钮,查看网关盒子运行状态,如图4-66所示。

图4-66　通信方式配置步骤-16

⑰绿色连接状态代表网关盒子处于在线状态,并且下方显示盒子当前IP信息,如图4-67所示。

图 4–67　通信方式配置步骤–17

2. 对网关进行关联

通过汉云网关客户端（XEdge）完成对 Hanyun – Box – PLC 网关的配置后，需要对网关进行关联才能使用。根据项目使用的实际设备信息进行填写即可，具体操作步骤如下。

①在 XEdge 软件中，单击左下角的"+"按钮，再单击上方的"添加盒子"，如图 4 – 68 所示。

图 4 – 68　关联网关步骤–1

②在 XEdge 软件中添加网关盒子信息。XEdge 序列号：根据网关盒子 N/S 号码填写；XEdge 密码：根据包装信息填写；XEdge 别名：盒子自定义名称（XEdge 别名必须使用英文，否则数据传输过程中可能出错）。录入网关序列号、密码、别名，并选择分组，信息确认无误后，单击"确定"按钮，如图 4 – 69 所示。

图 4 – 69　关联网关步骤–2

③网关添加完成后，等待 10~20 s，网关会转为在线状态，如图 4-70 所示。

图 4-70　关联网关步骤-3

小试牛刀

如果有实训设备，完成上述 Hanyun-Box-PLC 网关的配置；如果没有实训设备，思考图 4-71 中各台设备的作用及其配置。

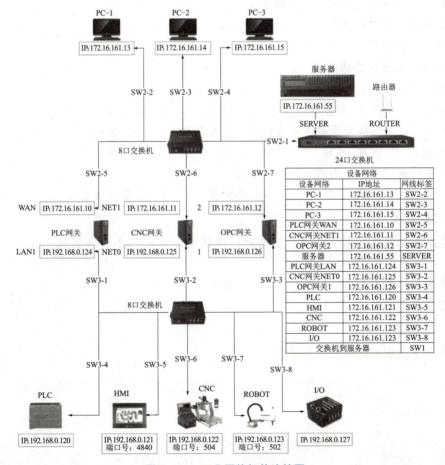

图 4-71　工业网络拓扑连接图

大显身手

一、选择题

1. （　　）设备可以看作一种多端口的网桥设备。
   A. 中继器　　B. 交换机　　C. 集线器　　D. 路由器
2. 交换机通过（　　）知道将帧转发到端口。
   A. 用 MAC 地址表
   B. 用 ARP 地址表
   C. 读取源 ARP 地址
   D. 源 IP 地址
3. 在以太网中，是根据（　　）地址来区分不同设备的。
   A. IP 地址　　B. IPX 地址　　C. LLC 地址　　D. MAC 地址
4. 网卡 MAC 地址的长度是（　　）B。
   A. 2　　B. 4　　C. 6　　D. 8
5. 下面关于路由器的描述，不正确的是（　　）。
   A. 它是工作于第二层的网络互联设备
   B. 它基于第三层的协议地址进行数据包的转发
   C. 它是工作于第三层的网络互联设备
   D. 它具有路径选择功能
6. 以下网络互联设备中，属于网络层设备的是（　　）。
   A. 网桥　　B. 交换机　　C. 中继器　　D. 路由器
7. （　　）是网络与网络连接的桥梁，是互联网中最主要的设备。
   A. 中继器　　B. 网桥　　C. 网关　　D. 路由器
8. 具有隔离广播能力的网络互联设备是（　　）。
   A. 网桥　　B. 中继器　　C. 路由器　　D. 二层交换机

二、填空题

1. 某二层交换机有 4 个端口，则它的广播域和冲突域的个数分别为_____和_____。
2. 路由器的两大主要功能是_____和数据交换。
3. 交换机工作在_____层。

三、简答题

1. 简述交换机的功能和工作原理。

2. 简述路由器的功能及特点。

_____

_____

_____

_____

任务 3　IP 地址解析与实践

学习目标

知识目标	能力目标	素质目标
◇ 理解 IPv4 地址的作用及分类 ◇ 理解子网划分 ◇ 理解 IPv6 地址表示形式及分类	◇ 能够进行 IP 地址的规划 ◇ 能够掌握子网划分的方法	◇ 培养学生不畏艰难的品质 ◇ 培养学生创造性思维 ◇ 培养学生节约意识

任务分析

为了实现工业网络中不同主机之间的通信，需要给每台主机配置合法的唯一的 IP 地址，它相当于通信时每个计算机的名字。目前正在使用的是 IPv4 地址，但由于 IPv4 只有 32 位，日益匮乏的地址已经无法满足飞速发展的互联网需求，IP 地址资源和地球上的资源一样，并不是取之不竭用之不尽的，所以需要合理规划 IP 地址，节约 IP 地址资源。但节约始终不是最终的解决方法，在严峻的形势下，科学家给出了切实可行的方案解决了 IPv4 地址消耗殆尽问题（如下文中介绍的子网划分方法和 IPv6 地址）。同学们在遇到问题和困难时，也需要具备不畏艰难的道德品质，不要轻言放弃，要积极思考，勇于探索和创新。学习完本次任务后，大家需要掌握 IP 地址的规划方法，另外，还可以积极探索一下除了书中介绍的方法之外，还有哪些方法可以解决 IP 地址资源匮乏的问题。

知识精讲

4.7　IPv4 地址

4.7.1　逻辑地址与物理地址

IP 数据包中的源 IP 地址和目的 IP 地址是 TCP/IP 参考模型的网际层，是用于标识网络主机的一种逻辑地址。所谓逻辑地址，是与数据链路层的物理地址即硬件地址相比较而言的。物理地址如 MAC 地址是第二层地址，它固化在网卡的硬件结构中，只要主机或设备的网卡不变，则其 MAC 地址就不会变化，即使该主机或设备从一个网络移到另一个网络，从地球的一端移到另一端。也就是说，MAC 地址是一种平面化的地址，其不能提供关于主机所处的网络位置信息。而 IP 地址这种逻辑地址属于第三层地址，也称为网络地址，该地址是随着主机或设备所处网络位置不同而变化的，当主机从一个网络移动到另一个网络时，其 IP 地址也会相应地发生改变。也就是说，IP 地址是一种结构化的地址，它可以提供关于主机所处的网络位置信息。

上述物理地址和逻辑地址的关系，类似于人的身份证号码和住址的关系。每个人都有唯一的身份证号码用来标识自己，不论你迁移到哪里，身份证号码都不会变化，身份证号码的标识作用一样有效，但通过身份证号码不能确定此人的位置。但我们的住址就不一样，表示方法上采用结构化形式，从国家、省份、市县到乡镇或街道等，并且随着个人迁移而不断变化，从住址可以获得位置信息。

4.7.2　IP 地址的结构、分类与表示

32 位的 IP 地址由网络号（NetID）和主机号（HostID）两部分构成，如图 4-72 所示。其中，网络号用于标识该主机所在的网络，它必须注册申请，由全球统一编号；主机号表示该主机在相应网络中的序号，它可由本地分配，不需要全球一致。正是因为网络号给出的网络位置信息，才使得路由器能够在通信子网中为 IP 数据包选择一条合适的路径，由源主机送达目的主机。

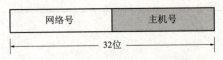

图 4-72　IP 地址的构成

IP 地址

根据网络规模大小，IP 地址分为 A、B、C、D、E 五类，其中 A、B、C 类称为基本类，用于普通主机地址；D 类地址是一种组播地址，提供网络组播服务或作为网络测试之用，主要留给 Internet 体系结构委员会（Internet Architecture Board，IAB）使用；E 类地址保留给未来扩充使用。目前常用的 IP 地址主要是 A、B、C 三类。IP 地址的分类如图 4-73 所示。

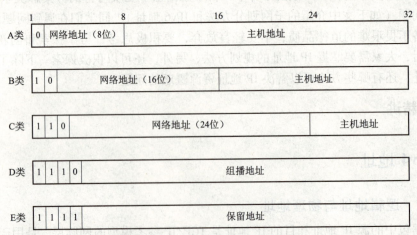

图 4-73　IP 地址的分类

1. A 类地址

A 类地址对应的是超大型网络，这些网络内部有数量庞大的主机。A 类地址在 IP 地址

的四段号码中,第一段号码为网络号码,剩下的三段号码为本地主机号码。如果用二进制表示 IP 地址,A 类 IP 地址由 1 字节的网络地址和 3 字节的主机地址组成,网络地址的最高位必须是"0"。A 类 IP 地址中,网络标识长度为 7 位,主机标识长度为 24 位,A 类网络地址数量较少,一般分配给少数规模达 1 700 万台左右主机的大型网络。

2. B 类地址

B 类地址在 IP 地址的四段号码中,前两段号码为网络号码,后两段号码为本地主机号码。B 类 IP 地址由 2 字节的网络地址和 2 字节的主机地址组成,网络地址的最高两位必须是"10"。B 类 IP 地址中,网络标识长度为 14 位,主机标识长度为 16 位,B 类网络地址适用于中等规模的网络,每个网络所能容纳的主机数为 6.5 万台左右。

3. C 类地址

C 类地址在 IP 地址的四段号码中,前三段号码为网络号码,剩下一段号码为本地主机号码。C 类 IP 地址由 3 字节的网络地址和 1 字节的主机地址组成,网络地址的最高三位必须是"110"。C 类 IP 地址中,网络标识长度为 21 位,主机标识长度为 8 位,C 类网络地址数量较多,适用于小规模的局域网,每个网络所能容纳的主机数为 254 台。

三类 IP 地址所包含的最大网络数和最大主机数见表 4-1。

表 4-1 三类 IP 地址所包含的最大网络数和最大主机数

地址类别	前缀二进制位数	后缀二进制位数	最大网络数	网络中最大主机数
A	7	24	128	16 777 214
B	14	16	16 384	65 534
C	21	8	2 097 152	254

IP 地址是 32 位二进制数,不便于书写、读数和记忆,为此,采用点分十进制表示法(Dotted Decimal Notation,DDN)来表示 IP 地址。其中,每 8 位一组,用十进制表示,并用点号分隔各组,每组数值范围是 0~255,因此,IP 地址用这种方法表示的范围是 0.0.0.0~255.255.255.255。根据上述规则,IP 地址范围及说明见表 4-2。

表 4-2 IP 地址范围及说明

地址类别	网络号范围	特殊 IP 地址说明
A	0~127	0.0.0.0:保留,作为本机
		0.×.×.×:保留,指定本网中的某个主机
		10.×.×.×:供私人使用的保留地址
		127.×.×.×:保留,用于向本机回送,用于测试和实现进程间通信
B	128~191	172.16.×.×~172.31.×.×:供私人使用的保留地址
C	192~223	192.168.0.×~192.168.255.×:供私人使用的保留地址
D	224~239	用于广播传送至多个目的地址,即组播地址
E	240~255	保留地址
		255.255.255.255:用于对本地所有主机进行广播

4.7.3 子网掩码

网络标识对网络通信非常重要。引入子网划分技术后,带来的一个重要问题就是主机或者路由设备如何区分一个给定的 IP 地址是否已被划分子网,从而能正确地从 IP 地址中分离出有效的网络标识,包括子网络号的信息。

通常,子网划分前的 A、B、C 类地址称为有类别(Classful)的 IP 地址,简称有类地址。对于有类 IP 地址,可以通过 IP 地址中的网络号直接判断其网络类别,并进一步确定其网络标识。但引入子网划分技术后,这个方法显然行不通了。例如,给定一个 IP 地址 106.10.8.9,已经不能简单地将它视为一个 A 类地址,认定其网络标识是 106.0.0.0。因为如果进行了 8 位的子网划分,则其相当于一个 B 类地址,其网络标识是 106.10.0.0;如果进行了 16 位的子网划分,则其又相当于一个 C 类地址,其网络标识是 106.10.8.0;若是进行了其他位数的子网划分,则甚至不能将其归入任何一个传统的 IP 地址类别中,即可能既不是 A 类地址,也不是 B 类或 C 类地址。换言之,引入子网划分技术后,IP 地址类别的概念已经不复存在。对于一个给定的 IP 地址,其中用来表示网络标识和主机号的位数可以是变化的,其取决于子网划分的情况。将引入子网划分技术后的 IP 地址称为无类别的(Classless)IP 地址,简称无类地址,并因此引入子网掩码的概念,描述 IP 地址中关于网络标识和主机号位数的组成情况。

子网掩码(Subnet Mask)通常与 IP 地址成对出现,其功能是告知主机或路由设备,IP 地址的哪些位代表网络号部分,哪些位代表主机号部分。子网掩码使用与 IP 地址相同的编址格式,即 32 位长度的二进制比特位,也可以分为 4 个 8 位组,并采用点分十进制表示。在子网掩码中,与 IP 地址中的网络标识位部分对应的位取值为"1",而与 IP 地址中主机标识位部分对应的位取值为"0"。这样,将子网掩码与相应的 IP 地址进行逻辑"与"操作,就可以得到给定 IP 地址的网络号,包括子网划分情况。例如,IP 地址 106.10.8.9,子网掩码 255.0.0.0,表示该地址中的前 8 位为网络标识部分,后 24 位为主机标识部分,从而确定其网络号为 106.0.0.0;而对于 IP 地址 106.10.8.9,子网掩码 255.255.248.0,则表示该地址中的前 21 位为网络标识部分,后 11 位为主机标识部分,从而确定其网络号为 106.10.8.0;显然,对于传统的 A、B 和 C 类网络,其对应的子网掩码应分别为 255.0.0.0、255.255.0.0 和 255.255.255.0。表 4-3 给出了 C 类网络进行不同位数的子网划分后,其子网掩码的变化情况。

表 4-3 C 类网络进行子网划分后的子网掩码

划分位数	2	3	4	5	6
子网掩码	255.255.255.192	255.255.255.224	255.255.255.240	255.255.255.248	255.255.255.252

为了表示方便,常用"x.x.x.x/N"的格式来表示 IP 地址和子网掩码,其中的"x.x.x.x"是 IP 地址的点分十进制表示,而"N"表示子网掩码中与网络标识对应的位数。如上面提到的 IP 地址 106.10.8.9,子网掩码 255.0.0.0,可以表示成 106.10.8.9/8;IP 地址 106.10.8.9,子网掩码 255.255.248.0,可以表示成 106.10.8.9/21。

4.7.4 特殊 IP 地址及作用

在 IP 地址空间中,有些 IP 地址是保留作为特殊之用的。网络号或主机号部分全部为

"0"或全部为"1"的IP地址通常具有特殊的含义和用途。

具有正常的网络号部分，而主机号部分全为"0"的IP地址代表一个特定的网络，即作为网络标识之用，如108.0.0.0、180.20.0.0和198.100.10.0分别代表一个A类、B类和C类网络。而主机号部分全为"1"的IP地址代表一个在指定网络中的广播地址，即作为向指定网络的每个主机广播之用，如108.255.255.255、180.20.255.255和198.100.10.255分别代表在一个A类、B类和C类网络中的广播地址。

特殊IP地址及作用

网络号对于IP网络通信非常重要，位于同一网络中的主机必然具有相同的网络号，它们之间可以通过交换机直接相互通信；而网络号不同的主机表示它们位于不同的网络，它们之间不能通过交换机直接相互通信，必须通过第三层网络设备如路由器或三层交换机进行转发。广播地址对网络通信也非常有用，在计算机网络通信中，经常会遇到对某一指定网络中的所有主机发送数据的情况，如果没有广播地址，源主机就需要针对每一个目的主机重复启动IP数据包的封装与发送过程。

除了网络标识地址和广播地址之外，其他一些包含全"0"和全"1"的IP地址格式及作用如图4-74所示。

00000000	00000000	00000000	00000000	本机
00000000	主机号			本网中的主机
11111111	11111111	11111111	11111111	本地网络广播地址
网络号	11111111	11111111	11111111	指定远程网络广播地址
127	任意值			向本机回送地址

图4-74 一些特殊的保留IP地址

另外，在IP地址资源中，还保留了一部分称为私有地址（Private Address，PA）的地址资源，这些地址供内部实现IP网络时使用，也称为保留地址。其地址范围包括三个部分，即10.0.0.0~10.255.255.255、172.16.0.0~172.31.255.255和192.168.0.0~192.168.255.255。

根据规定，所有以私有地址为目的地址的IP数据包都不能在Internet上传输。因此，这些以私有地址作为逻辑标识的主机，若要访问外面的Internet，必须采用网络地址转换（Network Address Translation，NAT）或应用代理（Proxy）技术。

4.8 子网划分

1. IP地址规划

当组建IP网络时，必须为网络中的每一台主机分配唯一的IP地址，这就涉及网络及IP地址规划问题。通常，IP地址规划按照下面的步骤进行。

首先，分析网络规模，包括相对独立的网段数量和每个网段中可能拥有的最大主机数，需要注意的是，路由器的每一个接口所连的网段都是一个独立网段。

其次，确定使用公用地址还是私有地址，并根据网络规模确定所需的网络号类别，若采用公用地址，需要向网络信息中心（Network Information Center，NIC）提出申请并获得IP

地址的使用权。

最后，根据可用的地址资源进行主机 IP 地址分配。

IP 地址的分配可以采用静态分配和动态分配两种方式。静态分配是指由网络管理员为用户指定一个固定不变的 IP 地址，并手工配置到主机上；而动态分配则通常以客户机 - 服务器模式，通过动态主机配置协议（Dynamic Host Control Protocol，DHCP）来实现。

在规划 IP 地址时，经常会遇到这样的问题：一个企业网络由于规模增大，网络冲突也随之增多，网络吞吐性能下降，必须对内部网络进行分段。而根据 IP 网络的特点，需要为不同的网段分配不同的网络号，于是当网段数量不断增加时，对 IP 地址资源的需求也随之增加。即使不考虑能否申请到所需的 IP 地址资源，对大量具有不同网络号的网络进行管理也是一件非常复杂的事情，至少需要将所有这些网络号对外网发布。随着 Internet 规模不断增大，32 位的 IP 地址资源已经严重紧缺，为了解决 IP 地址资源短缺的问题，提高 IP 地址资源的利用率，引入了子网划分技术。

2. 子网划分的基本概念

子网划分（subnetworking）是指将一个给定的网络分为若干个更小的部分，这些更小的部分称为子网（subnet）。当网络中的主机总数未超过给定的某类网络可容纳的最大主机数，内部又需要划分成若干个网络段（segment）进行管理时，就可以采用划分子网的方法。为了创建子网，需要从原 IP 地址的主机位中借出连续的高若干位作为子网络标识，如图 4 – 75 所示。也就是说，经过划分后的子网，因为其主机数量减少，已经不需要原来那么多位作为主机标识了，从而可以将这些多余的主机位用作子网标识。

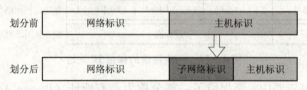

子网划分

图 4 – 75 子网划分示意图

3. 子网划分的方法

在子网划分时，首先需要明确划分后所要得到的子网数量和每个子网中最大主机数，然后才能确定需要从原主机位借出的子网络标识位数。原则上，根据全"0"和全"1" IP 地址保留的规定，子网划分时，至少要从主机位的高位中借用两位作为子网络位，而只要能够保证保留两位作为主机位即可。A、B、C 类网络最多可以借出的子网络位是不同的，A 类可达 22 位，B 类为 14 位，C 类则为 6 位。显然，当借出的子网络位数不同时，相应可以得到的子网络数量及每个子网中所能够容纳的主机数也是不同的。表 4 – 4 给出了子网络位数与子网络数量、有效子网络数量之间的对应关系。所谓有效子网络，是指除去那些子网络位为全"0"或全"1"的子网后所留下的可用子网。

表 4 – 4 子网络位数与子网络数量、有效子网络数量的对应关系

子网络位数	子网络数量	有效子网络数量
1	$2^1 = 2$	$2 - 2 = 0$
2	$2^2 = 4$	$4 - 2 = 2$

续表

子网络位数	子网络数量	有效子网络数量
3	$2^3=8$	$8-2=6$
4	$2^4=16$	$16-2=14$
5	$2^5=32$	$32-2=30$
6	$2^6=64$	$64-2=62$
7	$2^7=128$	$128-2=126$
8	$2^8=256$	$256-2=254$
9	$2^9=512$	$512-2=510$

下面以一个 C 类网络的子网划分案例来说明子网划分的具体方法。假设一个由路由器连接的网络，有三个相对独立的网段，并且每个网段的主机数不超过 30 台，如图 4-76 所示。现在需要使用子网划分的方法为其进行 IP 地址规划。由于该网络中所有网段合起来的主机数没有超出一个 C 类网络所能容纳的最大主机数，所以可以利用一个 C 类网络的子网划分来实现。假设已经申请了一个 C 类网络号 206.108.10.0，则在子网划分时，需要从主机位中借出其中的高 3 位作为子网络位，这样一共可得 8 个子网络，每个子网络的相关信息见表 4-5。其中，第 1 个子网因其子网号全为 "0"，一般不用；第 8 个子网因其子网号全为 "1"，一般也不用。这样，可以选择 6 个可用子网中的任意 3 个为上述 3 个网段进行 IP 地址分配，留下 3 个可用作未来网络扩充之用。

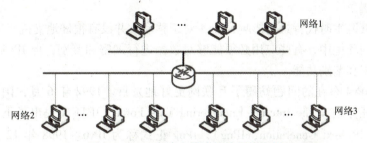

图 4-76　一个路由器连接的网络实例

表 4-5　C 类网络 206.108.10.0 子网划分案例

第 n 个子网	地址范围	网络号	广播地址
0	206.108.10.0 ~ 206.108.10.31	206.108.10.0	206.108.10.31
1	206.108.10.32 ~ 206.108.10.63	206.108.10.32	206.108.10.63
2	206.108.10.64 ~ 206.108.10.95	206.108.10.64	206.108.10.95
3	206.108.10.96 ~ 206.108.10.127	206.108.10.96	206.108.10.127
4	206.108.10.128 ~ 206.108.10.159	206.108.10.128	206.108.10.159
5	206.108.10.160 ~ 206.108.10.191	206.108.10.160	206.108.10.191
6	206.108.10.192 ~ 206.108.10.223	206.108.10.192	206.108.10.223
7	206.108.10.224 ~ 206.108.10.255	206.108.10.224	206.108.10.255

4.9 IPv6 地址

4.9.1 IPv6 的发展背景

IP 协议是 Internet 的核心协议，现在使用的 IP 协议是第 4 版本，即 IPv4，该协议在 20 世纪 70 年代末期开发，使用 32 位的 IP 地址。在 IPv4 的地址空间中，有约 43 亿个可用地址。在 Internet 初始发展阶段，这个 IP 地址数目已经相当可观。随着互联网的快速发展，接入 Internet 的主机数量越来越多，根据互联网名称与数字地址分配机构（The Internet Corporation for Assigned Names and Numbers，ICANN）在 2011 年 2 月发布的公告，已经没有可以用来分配的 IPv4 地址了。

使用私有 IP 地址、网络地址转换（Network Address Translation，NAT）技术及无类别域间路由选择（Classless Inter–Domain Routing，CIDR）等技术，暂时解决了 IPv4 地址短缺的问题。

不过 IPv4 在实际使用中也慢慢暴露了许多问题。

①地址空间使用效率较低。例如，一个 A 类网络 IP 地址，网络中可以容纳 1 600 多万台主机，并且被一个组织独占。事实上，如此大规模的局域网几乎没有。IP 地址浪费现象在 B 类和 C 类地址中也同样存在。虽然通过 NAT 技术等暂时缓解了 IP 地址紧缺状况，但 NAT 技术使得路由复杂，网络延时增大。

②服务质量没有保障。随着各种网络应用的出现，人们要求互联网能够适应实时的音频和视频传输。这些类型的传输需要较小的延时，并且需要预留带宽资源，这些功能在 IPv4 中并没有提供。

③由于受其诞生时代背景的影响，IPv4 对于移动性并没有很好地支持。

④在互联网环境中，有些应用必须能够对数据进行加密和鉴别，但 IPv4 不提供数据加密和鉴别功能。

IPv6 的发展背景及特点

所有这些 IPv4 存在的问题妨碍了互联网更好地发展。1992 年 6 月，国际互联网工程任务组（The Internet Engineering Task Force，IETF）提出了下一代 IP 计划（IP Next Generation，IPng），IPng 正式称为 IPv6。1998 年 12 月发布的 RFC（Request For Comments，请求评议）2460～2463 成为因特网草案标准协议。

4.9.2 IPv6 的特点

和 IPv4 相比，IPv6 具有以下特点：

1. 更大的地址空间

IPv6 最明显的特征是具有巨大的地址空间。在 IPv4 中，其地址为 32 位，即 IP 地址数为 4 294 967 296，约 43 亿个。而在 IPv6 中，其地址位长度为 128 位。

2. 更高效的路由基础架构

现在基于 IPv4 的互联网，其路由结构在主干网上是平面的，换句话说，现在互联网主干网上的路由器，其路由表不能反映 ISP 之间的层次关系。地理上相邻的 ISP 之间所分配的 IP 地址空间是不连续的，例如，一个从亚洲接入互联网骨干网的 ISP 所分配的地址空间，可能与一个从欧洲接入互联网骨干网的 ISP 在地址空间上是连续的。这样的现实造成在骨干网上很难实现路由汇总，使得互联网骨干网的路由表变得越来越大。最近的数据显示，骨干网络上路由器的路由条目已经接近30万条，共有500多万条路径。仅仅是存储这些前缀和路径，就用了300多兆字节内存，如此一来，骨干网络路由效率越来越低。

IPv6从设计之初就考虑到了这个问题，IPv6的地址分配将比IPv4更严格，这种分配从一开始就考虑到了ISP之间的层次关系，其效果是，在IPv6的骨干网路由器上很容易实现路由条目的汇总。这样，在IPv6骨干网路由器上的路由条目将大幅减少。因此，IPv6将是一个更加高效的路由基础架构。

3. 更好的安全性

要在互联网这样的公共网络中实现专用通信，需要安全服务保证数据传输的安全性。在IPv4体系中，IPSec提供了一个可选的安全通信协议。在IPv6中，IPSec是协议的一个功能。该功能为设备、应用程序和服务的网络安全需求提供了标准的解决方案，并促进不同IPv6之间实现互操作性。

4. 支持移动性

移动IPv6允许任意改变IPv6节点在IPv6网络中的位置，同时仍然保持现有的连接。使用移动IPv6，移动节点始终通过一个永久地址可达。连接是使用分配给移动节点的特定永久地址建立的，不管移动节点的位置如何改变，该连接能够始终保持。

任播地址的使用，以及自动配置IP地址的方式，使得IPv6的移动性远远超过IPv4，这个特性使得IPv6成为3G的标准协议。

5. 更好的服务质量

IPv6报头中使用一个称为流标签（Flow Lable）的新字段，这个字段用于定义如何处理和标识流量。同时，在IPv6报头中，还定义了一个流量类型（Traffic Type）字段，能够用来区分不同的业务流。流标签和流类型的组合能够为IPv6提供强大的服务质量。

4.9.3 IPv6的地址

1. IPv6地址类型

在IPv6中，地址不是赋给某个节点，而是分配给节点上的具体接口。根据接口和传送方式不同，IPv6地址有三种类型，分别是单播地址（Unicast）、组播地址（Multicast）和任播地址（Anycast）。组播地址有时也称多播地址。这里没有定义广播地址，其功能由组播地址取代。

（1）单播地址

标识单个接口，数据包被传送至该地址标识的接口上。对于有多个接口的节点，它的任何一个单播地址都可以用作该节点的标识符。单播地址有多种形式，包括可聚集全球单播地址、NSAP（Network Service Access Point，网络服务接入点）地址、IPX分级地址、链路本地地址、节点本地地址以及嵌入IPv4地址的IPv6地址。

可聚集全球单播地址（Aggregatable Global Unicast Address，AGUA）是IPv6为点对点通信设计的一种具有分级结构的地址。

（2）组播地址

标识一组接口，这组接口一般属于不同节点，数据包被传送至该地址标识的所有接口上。以"1111 1111"开始的地址即标识为组播地址。

（3）任播地址

标识一组接口，这组接口一般属于不同节点，数据包被传送至该地址标识的其中某一个接口，这个接口是路由协议度量距离"最近"的一个。它存在两点限制：一是任播地址不能用作源地址，而只能用作目的地址；二是任播地址不能指定给 IPv6 主机，只能指定给 IPv6 路由器。

2. IPv6 地址表示方法

128 位的 IPv6 地址，如果沿用 IPv4 的点分十进制法则，则需要用 16 个十进制数才能表示，读写非常麻烦，因而 IPv6 采用了一种新的表示方法：冒分十六进制表示法。将地址中每 16 位为一组，写成四位的十六进制数，两组间用冒号分隔。

IPv6 地址的表示方法分类及过渡技术

例如，点分十进制表示的地址 105.220.136.100.255.255.255.255.0.0.18.128.140.10.255.255，可以用冒分十六进制表示为 69DC:8864:FFFF:FFFF:0000:1280:8C0A:FFFF。

IPv6 地址表示有以下几种特殊情形：

①IPv6 地址中每个 16 位分组中的前导零位，可以去除做简化表示，但每个分组必须至少保留一位数字。

例如，地址 21DA:00D3:0000:2F3B:02AA:00FF:FE28:9C5A，去除前导零位后，可以写成 21DA:D3:0:2F3B:2AA:FF:FE28:9C5A。

②某些地址中可能包含很长的零序列，可以用一种简化的表示方法——零压缩（Zero Compression，ZC）进行表示，即将冒分十六进制格式中相邻的连续零位合并，用双冒号"::"表示。符号"::"在一个地址中只能出现一次，该符号也能用来压缩地址中前部和尾部的相邻连续零位。

例如，地址 FF0C:0:0:0:0:0:0:B1，0:0:0:0:0:0:0:1，0:0:0:0:0:0:0:0 分别可表示为压缩格式"FF0C::B1""::1""::"。

③在 IPv4 和 IPv6 混合环境中，有时更适合采用另一种表示形式：H:H:H:H:H:H:d.d.d.d。其中，H 是地址中 6 个高位 16 位分组的十六进制值；d 是地址中 4 个低位 8 位分组的十进制值，即标准 IPv4 表示。

例如，地址 0:0:0:0:0:0:13.1.68.3，0:0:0:0:0:FFFF:129.144.52.38 分别可表示为压缩格式"::13.1.68.3""::FFFF:129.144.52.38"。

在 IPv6 中，任何全"0"和全"1"的字段都是合法值，除非特殊地址。特别是前缀可以包含"0"值字段或以"0"为终结。一个单接口可以指定任何类型的多个 IPv6 地址或地址范围，包括单播、组播和任播地址。

4.9.4 从 IPv4 到 IPv6 的过渡

无论是从技术上还是从经济上，从 IPv4 过渡到 IPv6 都将是一个漫长的过程。下面介绍两种向 IPv6 过渡的策略，即使用双协议栈技术和隧道技术，这些技术发表在 RFC2473、RFC2529、RFC2893、RFC3056、RFC4038 中。

1. 双协议栈技术

双协议栈（Dual Stack，DS）技术是指在完全过渡到 IPv6 之前，新增加的主机或路由器运行两个协议栈：一个是 IPv4，另一个是 IPv6。双协议栈主机或路由器既能够和 IPv6 的系统通信，又能够与 IPv4 的系统进行通信。双协议栈的主机或路由器记为 IPv6/IPv4，表明该设备具有两种 IP 地址：一个 IPv6 地址，一个 IPv4 地址。

双协议栈主机与 IPv6 主机通信时采用 IPv6 地址，与 IPv4 主机通信时采用 IPv4 地址。但双协议栈主机怎样知道目的主机采用的是哪种地址呢？它是使用域名系统（DNS）来查询的。若 DNS 返回的是 IPv4 地址，双协议栈的源主机就使用 IPv4 地址与对方通信；若 DNS 返回的是 IPv6 地址，双协议栈的源主机就使用 IPv6 地址与对方通信。

2. 隧道技术

向 IPv6 过渡的另一种方法是隧道技术（Tunneling）。这种方法的要点是在 IPv6 数据包进入 IPv4 网络时，将 IPv6 数据包封装成 IPv4 的数据包，即将整个 IPv6 数据包变成 IPv4 数据包的数据部分。然后 IPv6 数据包就在 IPv4 网络的隧道中传输。当 IPv6 数据包离开 IPv4 网络中的隧道时，再把 IPv4 数据包的数据部分交给主机的 IPv6 协议栈。

要使双协议栈的主机知道 IPv4 数据包里封装的数据是一个 IPv6 数据包，就必须把 IPv4 首部的协议字段的值设置为 41。

任务实施

PC 端 IP 地址设置：

①双击打开计算机"控制面板"，单击"网络和 Internet"，如图 4-77 所示。

图 4-77　PC 端 IP 地址设置-1

②在打开的"网络和 Internet"窗口中单击"网络与共享中心"，如图 4-78 所示。

图 4-78　PC 端 IP 地址设置-2

③在打开的"网络和共享中心"窗口中单击"更改适配器设置",如图4-79所示。

图4-79 PC端IP地址设置-3

④在打开的窗口中找到当前连接的网络,单击鼠标右键,在快捷菜单中选择"属性"命令,如图4-80所示。

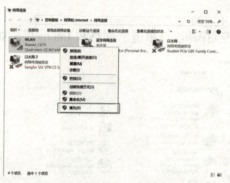

图4-80 PC端IP地址设置-4

⑤在打开的对话框中,选择"Internet 协议版本4（TCP/IPv4）"选项,单击"属性"按钮,如图4-81所示。

图4-81 PC端IP地址设置-5

⑥在打开的对话框中选中"使用下面的 IP 地址"单选按钮,然后输入 IP 地址、子网掩码、默认网关等信息,单击"确定"按钮完成设置,如图 4－82 所示。

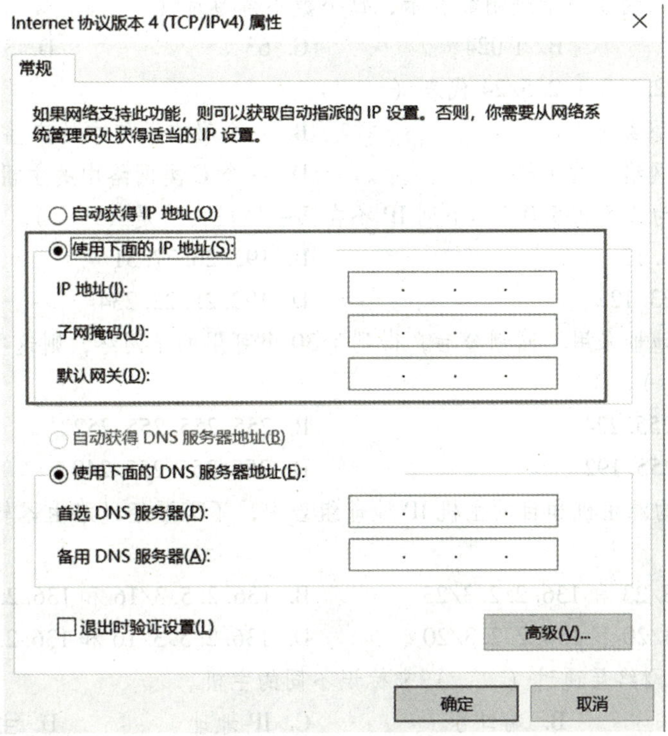

图 4－82　PC 端 IP 地址设置－6

小试牛刀

请大家根据上述 PC 端 IP 地址的设置方法,完成任务一中 PC 端规划的 IP 地址设置。思考一下 IP 地址设置完成后,可以用什么方法查看本机 IP 地址。在下面横线上写出你的方法。(至少写出两种方法)

_____

_____

_____

大显身手

一、选择题

1. IP 地址的表示形式为(　　)。
   A. 48 位二进制数字组成　　　　　B. 4 位二进制组成
   C. 32 位二进制组成　　　　　　　D. 16 位二进制组成

2. 193.16.33.2 这个地址属于(　　)地址。
   A. A 类　　　　B. B 类　　　　C. C 类　　　　D. D 类

3. 15.11.14.1 属于（　　）。
   A. A类　　　　B. B类　　　　C. C类　　　　D. D类
4. IP 地址可以用 4 个十进制数表示，每个数不得超过（　　）。
   A. 255　　　　B. 1 024　　　C. 63　　　　　D. 31
5. IP 地址 192.168.1.255/24 代表（　　）。
   A. 一个 C 类网络号　　　　　　B. 一个私有网络中的广播
   C. 一个私有网络中的主机　　　D. 一个 C 类网络中的主机
6. 子网掩码为 255.255.0.0，下列 IP 不在同一网段内的是（　　）。
   A. 192.25.35.12　　　　　　　B. 192.26.77.31
   C. 192.25.123.122　　　　　　D. 192.25.22.234
7. 一个 C 类地址采用子网划分后，得到了 30 个可用的子网络，则这些子网络所对应的子网掩码是（　　）。
   A. 255.255.255.224　　　　　　B. 255.255.255.252
   C. 255.255.255.192　　　　　　D. 255.255.255.248
8. 下面给出的源主机和目的主机 IP 地址组合中，不需要经过路由器转发而直接寻址的是（　　）。
   A. 136.2.5.3/23 和 136.2.2.3/23　　B. 136.2.5.3/16 和 136.2.2.3/21
   C. 136.2.5.3/20 和 136.2.2.3/20　　D. 136.2.5.3/16 和 136.2.2.3/16
9. TCP/IP 的网络层通过（　　）来标识不同的主机。
   A. 物理地址　　B. 端口号　　　C. IP 地址　　　D. 主机名
10. 一个主机的 IP 地址为 192.168.1.35/27，这说明该主机所在网络的网络号是（　　）。
    A. 192.168　　B. 192.168.1　　C. 192.168.1.32　　D. 192.168.1.16

二、填空题

1. IP 地址由 ＿＿＿＿ 和 ＿＿＿＿ 组成。
2. C 类 IP 地址的网络地址长度为 ＿＿＿＿，子网掩码为 ＿＿＿＿，包含主机 ＿＿＿＿ 台。
3. 在公网中能够使用的地址称为 ＿＿＿＿，在私网或局域网中使用的可重复的地址称为 ＿＿＿＿。
4. IPv6 的 IP 地址长度为 ＿＿＿＿ 位，采用 ＿＿＿＿ 表示方法。

三、简答题

1. 子网掩码的格式如何？它有什么作用？

2. 主机 172.24.100.45/16 和主机 172.24.101.46/16 是否位于同一个网络中？主机 172.24.100.45/24 和主机 172.24.101.46/24 的情况又如何？

3. IPv6 有哪些特点？它是如何实现的？

4. 假设某单位分配了一个 C 类地址，其地址为 200.200.100.0。这个单位共有市场部、行政部、策划部、财务部、设计部和生产部六个部门，各个部门中最多拥有 30 台计算机。请你为这个单位设计其 IP 地址的分配方案，求出所采用的子网掩码，并指出每个部门的网络号、广播地址及其可用的 IP 地址范围。

任务 4　交换技术实践

学习目标

知识目标	能力目标	素质目标
◇ 理解虚拟局域网的定义 ◇ 理解虚拟局域网的划分方法 ◇ 理解交换机端口安全的实现方法	◇ 掌握交换机的基本配置命令 ◇ 能够在交换网络中划分 VLAN ◇ 能够利用交换机提高局域网的安全性	◇ 如何提高局域网的安全性 ◇ 注重个人网络信息安全操作规程及职业道德

任务分析

通过前面的学习，交换机为每个用户提供专用通道，每个端口都可实现全双工通信，各个源端口与目的端口之间均可以同时进行通信而不会发生冲突，这为大中型网络的组建提供了良好的扩展性和高传输带宽。

交换机作为网络组建的关键设备，有效地维护与管理交换机非常重要。下面就来学习交换机的配置与管理。

知识精讲

4.10 虚拟局域网

4.10.1 虚拟局域网简介

在共享链路上,当两个节点同时传输数据时,从两个设备发出的帧在物理介质上相遇,从而发生碰撞并产生冲突,双方数据都被破坏。在交换式以太网中,如果交换机的每个接口只连接一个用户,那么用户间发送数据是不会产生冲突的,但当网络中的用户终端数量不断增加时,其广播域会变得很大,这是因为同一个交换式以太网中的所有节点构成一个广播域。在交换机中一旦出现广播,广播将被转发到除接收端以外的所有端口,这样的广播帧会对网络通信、数据安全性及网络管理等带来诸多问题。如降低网络效率,引起网络瘫痪。

交换机一般带有多个端口,如果能够在交换机上分割广播域,将广播帧限定在一定的范围内,那么能够大大提高网络的灵活性,于是产生了虚拟局域网(Virtual LAN,VLAN)。VLAN 技术的出现,主要是为了解决交换机在进行局域网互联时无法限制广播的问题。

VLAN 是一种将局域网设备从逻辑上划分成一个个网段,从而实现虚拟工作组的新兴数据交换技术。它以局域网交换机为基础,通过在交换机上运行的功能软件,根据部门、功能、应用等因素将设备或用户重新划分,组成新的虚拟工作组或逻辑网段。VLAN 1 是交换机的默认 VLAN,初始环境下,交换机所有端口都属于 VLAN 1。

VLAN 技术可以把一个 LAN 划分成多个逻辑 VLAN,每个 VLAN 构成一个广播域,其属性基本与普通局域网一样,但其广播报文被限制在一个 VLAN 内,VLAN 内的主机间通信不受任何影响,而 VLAN 间则不能直接互通,这样就增加了企业内部网络的安全性。

VLAN 技术的最大特点,是在组成逻辑网段时无须考虑设备或用户在局域网中的物理位置,可以将位于不同物理网段、连接在不同交换机的端口节点纳入同一个 VLAN 中。

图 4-83 模拟了一个跨交换机 VLAN 划分示例。

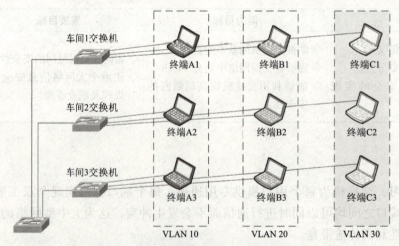

虚拟局域网介绍

图 4-83 跨交换机 VLAN 划分示例

经过这样的划分，位于同一物理网段中的节点之间不一定能够通过交换机直接通信，如图4-83中的终端A1、终端B1和终端C1，它们即使连接在同一台交换机上，但由于被划分在不同的VLAN中，因此也无法通过交换机直接通信；而终端A1、终端A2和终端A3分别位于不同物理网段中，连接在不同的交换机上，都被划分到VLAN 10中，但却可以通过交换机直接相互通信。

VLAN是建立在物理网络基础上的一种逻辑子网，因此建立VLAN需要相应的支持VLAN技术的网络设备。当网络中的不同VLAN间进行相互通信时，需要路由的支持，这时就需要增加路由设备——要实现路由功能，既可采用路由器，也可采用3层交换机来完成。

4.10.2 虚拟局域网优点

在交换式网络中引入VLAN技术，主要有以下优点：

（1）有效控制网络广播报文的扩散

相对于共享式网络，交换式网络具有低延时、高吞吐量等优势，但终端的增加，会引起网络中广播流量的增加，从而降低网络性能。在同一个VLAN中的主机，不论在何地，都可以正常通信。同时，一个VLAN中的广播报文只能在本VLAN中传输，无法跨VLAN传输，这样就大大减少了不必要的广播流量，提高网络带宽的利用率。

（2）提高网络的安全性

在企业网络中，需要限制不同工作组之间用户的互访，一般可以通过配置资源网络权限，但其灵活性较差。在交换网络中配置了VLAN后，数据只能在相同的VLAN间传输，可以确保数据在二层交换上的安全，提高了网络安全性。

（3）优化了网络管理

VLAN是在局域网交换机上实现的，其VLAN的个数以及主机的划分配置完全由网络管理员决定，当用户的增加或减少时，只需调整对应的VLAN即可。另外，VLAN可以根据部门、功能等将不同地理位置的终端划分到一个逻辑组。当需要增加或调整用户功能时，无须改动网络的物理连接，就可以随时在不同工作组中进行调配。

4.10.3 虚拟局域网的划分方法

VLAN的划分方法有多种，常见的主要有4种：基于端口划分VLAN、基于MAC地址划分VLAN、基于网络层划分VLAN和基于IP组播划分VLAN，不同的VLAN划分方法各有优缺点，适用于不同的应用场合。

1. 基于端口划分VLAN

这种方法是根据以太网交换机的端口来划分的，每个VLAN实际上是交换机上某些端口的集合，如图4-84所示。交换机上创建几个VLAN，各个端口属于哪个VLAN，都由网络管理员配置。网络管理员只需要管理和配置交换机上的端口，使之属于不同的VLAN，而不用考虑这些端口连接什么设备。VLAN配置完成后，端口属于哪个VLAN是固定不变的，所以，这种VLAN也称为静态VLAN。

以交换机端口来划分VLAN，其配置过程简单明了。因此，基于端口划分VLAN是最简单也是最常用的方法。但它的缺点是当某个VLAN的成员离开了原来的端口，移动到交换机的新端口时，就必须重新配置交换机端口的VLAN。

2. 基于MAC地址划分VLAN

这种方法是根据每个主机的MAC地址来划分VLAN的，即网络中每个MAC地址的主

图 4-84 基于端口划分 VLAN 示意图

机被配置属于某一个 VLAN。

由于每个设备的 MAC 地址是烧录在网卡上的，因此其是永恒不变的。这种划分方法的最大优点是当用户主机的物理位置移动时，即从一个交换机移到其他交换机时，VLAN 不用重新配置。但在网络初始化时，需要对网络中所有主机的 MAC 地址进行登记，并根据 MAC 地址配置 VLAN。如果主机非常多，配置 MAC 地址进入相应 VLAN 的工作量就非常大。并且，有些交换机的端口可能存在很多 VLAN 组成员，这样就无法限制广播，导致交换机执行效率下降。另外，如果更换网卡，导致 MAC 地址更新，则需要重新配置其 VLAN 信息，无形中增加了网络管理员的工作量。

3. 基于网络层划分 VLAN

这种实现方法是根据每个主机的网络层地址或协议类型进行划分的。交换机虽然查看每个数据包的 IP 地址或协议，并根据 IP 地址或协议决定该数据包属于哪个 VLAN 进而转发，但并不进行路由，只进行第二层转发，与网络层的路由无关。

这种方法的优点是用户的物理位置改变时，不需要重新配置其所属的 VLAN，而且可以根据协议类型来划分 VLAN，这对网络管理很重要。由于交换机分析每个数据包、检查每个数据 IP 帧头时需要耗费一定的机器资源和时间，效率必然会有所降低。

4. 基于 IP 组播划分 VLAN

在特殊网络需求下，如为了防止不同 ISP 的组播报文会发送到不属于此 ISP 的用户，影响到 ISP 的利益，可以通过此方法，指定属于本 ISP 的组播数据只转发到连接本 ISP 用户的接口。

所以，IP 组播实际上也是一种 VLAN 的定义，即认为一个组播组就是一个 VLAN，这种划分的方法将 VLAN 扩展到广域网，因此这种方法具有更大的灵活性，而且也很容易通过路由器进行扩展。当然，这种方法不适合局域网，主要缺点是效率不高。

以上 4 种 VLAN 划分方法的示例见表 4-6。

表 4-6 种 VLAN 划分方法示例

VLAN 划分方法	VLAN 10
基于端口划分 VLAN	FastEthernet0/1、GigabitEthernet0/2
基于 MAC 地址划分 VLAN	0001.971C.D472、0040.0B37.9C0A
基于网络层划分 VLAN	10.1.1.1/24
基于 IP 组播划分 VLAN	特定 ISP 组播

4.10.4 VLAN 的标准

1. 802.10 VLAN 标准

1995 年，Cisco 公司提倡使用 IEEE 802.10 协议。在此之前，IEEE 802.10 曾经在全球

范围内作为 VLAN 安全性的统一规范。Cisco 公司试图采用优化后的 802.10 帧格式在网络上传输 FrameTagging 模式中所必需的 VLAN 标签，然而，大多数 802 委员会的成员都反对推广 802.10，因为该协议是基于 FrameTagging 方式的。

2. 802.1q

1996 年 3 月，IEEE 802.1 Internetworking（网络互联）委员会结束了对 VLAN 初期标准的修订工作。新出台的标准进一步完善了 VLAN 的体系结构，统一了 FrameTagging 方式中不同厂商的标签格式，并制定了 VLAN 标准在未来一段时间内的发展方向，形成的 802.1q 标准在业界获得了广泛的推广。它成为 VLAN 史上的一块里程碑。802.1q 的出现打破了虚拟网依赖于单一厂商的僵局，从一个侧面推动了 VLAN 的迅速发展。另外，来自市场的压力使各大网络厂商立刻将新标准融合到他们各自的产品中。

3. Cisco ISL 标签

ISL（Inter – Switch Link）是 Cisco 公司的专有封装方式，因此只能在 Cisco 公司的设备上支持。ISL 是一个在交换机之间、交换机与路由器之间及交换机与服务器之间传递多个 VLAN 信息及 VLAN 数据流的协议，通过在交换机直连的端口配置 ISL 封装，即可跨越交换机进行整个网络的 VLAN 分配和配置。

4.11 交换机基本命令

4.11.1 交换机的管理方式

按照交换机是否可以配置与管理，可以将交换机分为网管交换机和不可网管交换机，外观如图 4 – 85 和图 4 – 86 所示。不可网管交换机不具有网络管理功能，没有配置接口。网管交换机具有网络管理、网络监控、端口监控、VLAN 划分等功能，它配有专门的接口。

图 4 – 85　华为非网管型交换机

图 4 – 86　华为网管型交换机

网管交换机的管理方式可以分为带内管理和带外管理两种。带内管理是指网络的管理控制信息与用户网络的承载业务信息通过同一个逻辑信道传送；而在带外管理模式中，网络的管理控制信息与用户网络的承载业务信息在不同的逻辑信道传输，交换机有专门的管理带宽。目前，很多高端的交换机都带有带外网管端口，使网络的管理带宽和业务带宽完全隔离，互不影响。

在初始设置交换机的时候，一般要通过带外管理，在设定好 IP 地址之后，就可以使用带内管理方式。带内管理，其通信数据是通过公共网传递的，可以实现远程管理，但安全性不强。带外管理是通过串口通信的，数据只在交换机和管理用机之间传递，因此安全性很强；然而由于电缆长度的限制，不能实现远程管理。

目前，交换机可以通过以下几种途径进行管理：

（1）通过 Console 口管理交换机

一般交换机都附带了一条串口电缆，供交换机管理使用。用该方法管理交换机时，就必须采用该专用电缆，我们称它为"Console线"，其一端插在交换机背面的Console口，另一端插在普通电脑的串口，如图4-87所示。然后使用Windows自带的"超级终端"程序来连接交换机。打开"超级终端"，在设定好连接参数后，就可以通过串口电缆与交换机交互了，如图4-88所示。这种方式并不占用交换机的带宽。

图4-87 串口电缆连接示意图

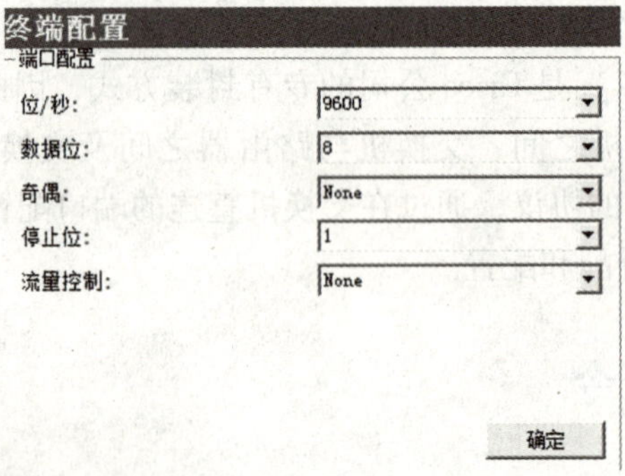

图4-88 超级终端界面

通过Console口管理是最常用的带外管理方式。通常用户会在首次配置交换机或者无法进行带内管理时使用带外管理方式。

（2）使用Telnet命令管理交换机

交换机启动后，用户可以通过局域网或广域网，使用Telnet客户端程序建立与交换机的连接并登录到交换机，然后对交换机进行配置。它一般最多支持8个Telnet用户同时访问交换机。但在使用Telnet命令管理交换机时，一般需要先给被管理的交换机设置合适的IP地址，并保证交换机与计算机的网络连通性。

（3）使用Web浏览器来管理交换机

通过Web（网络浏览器）管理交换机时，交换机相当于一台Web服务器。如同Telnet命令管理交换机一样，要先给交换机指定一个IP地址。在默认状态下，交换机没有IP地址，必须指定一个可管理IP地址，这个IP地址除了供管理交换机使用之外，并没有其他用途。

（4）使用网络管理软件管理交换机

SNMP协议（简单网络管理协议）是一整套的符合国际标准的网络设备管理规范。凡是遵循SNMP协议的设备，均可以通过网管软件来管理。网管交换机可以通过支持SNMP协议的网管代理进行交换机的配置和管理。在管理之前，必须给交换机配置合适的IP地址，启动网管代理，并保证网络连通性。它也是一种带内管理方式。

4.11.2 交换机的命令模式

网络设备的命令行配置界面分成不同命令模式，不同命令模式下支持不同的命令，不可以跨模式执行命令。

根据管理功能的不同，网络设备最常见的命令模式有用户模式、特权模式、全局模式、接口模式、VLAN 数据库配置模式。其中，接口模式又可分成物理接口模式、VLAN 接口模式、虚拟终端接口模式等，下面以思科交换机为例，讲解交换机的配置模式及命令。

1. 用户模式

当用户通过交换机的控制台端口或 Telnet 会话连接并登录到交换机时，首先进入的就是用户模式。在该模式下，只执行有限的命令，通常用于查看显示系统信息和执行一些最基本的测试命令，如 show、ping 等。其命令行提示符是：Switch＞。

2. 特权模式

如果用户要执行所有命令，须首先进入特权模式。通过 enable 命令，并输入登录特权模式的密码，可以由用户模式进入特权模式。在该模式下，用户可以执行系统文件操作，查看设备的配置信息及相关测试命令。其命令行提示符是：Switch#。

3. 全局模式

在该模式下，配置命令的作用域是全局性的，对整个交换机起作用，只要输入一条有效的配置命令并按 Enter 键，内存中正在运行的配置就会立即改变生效。在特权模式下输入"config terminal"进入全局模式。其命令行提示符是：Switch（config）#。

4. 接口模式

在全局配置模式下，执行 interface 命令，即进入物理接口配置模式。在该模式下，可对选定的接口（端口）进行配置，并且只能执行配置交换机端口的命令。输入 vlan 命令进入 VLAN 接口模式，使用 line 命令进入虚拟终端接口模式。接口配置模式的命令行提示符是：Switch（config - if）#。

5. VLAN 数据库配置模式

在特权模式下执行 vlan database 配置命令，即可进入 VLAN 数据库配置模式。在该模式下，可实现对 VLAN（虚拟局域网）的创建、修改或删除等配置操作。其命令行提示符是：Switch（vlan）#。

交换机模式及基本命令介绍

各个命令模式说明及进入方式见表 4-7。Switch 是交换机默认主机名。

表 4-7 命令模式说明及进入方式

命令模式		命令行提示符	进入方式
用户模式		Switch＞	开机直接进入
特权模式		Switch#	Switch＞enable
全局模式		Switch（config）#	Switch# config terminal
接口模式	物理接口配置模式	Switch（config - if）	Switch（config）#interface fastEthernet 0/1
	VLAN 接口模式	Switch（config - vlan）	Switch（config）#vlan 10
	虚拟终端接口模式	Switch（config - line）	Switch（config）#line vty 0 8
VLAN 数据库配置模式		Switch（vlan）#	Switch#vlan database

4.11.3 常见命令介绍

1. 获得帮助

用户可以在命令提示符下输入问号键（?），列出各个命令模式支持的所有命令；也可以使用问号键列出相同开头的命令关键字或者命令的参数信息；还可以使用 Tab 键自动补齐剩余命令字符。帮助命令的使用方法如下：

①命令字符 +?：获得相同开头字符的命令关键字字符。

例如：

```
Switch#re?
reload   resume
```

②命令字符 +Tab 键：补齐命令关键字全部字符。

例如：

```
Switch#show r <Tab>
Switch#show running-config
```

③命令字符?：获得该命令的后续关键字或参数。

例如：

```
Switch(config-if)#duplex ?
  auto  Enable AUTO duplex configuration
  full  Force full duplex operation
  half  Force half-duplex operation
```

2. 命令简写

为了提高输入速度，一般使用命令简写进行配置，即只输入命令字符的前面一部分，只要确保这部分字符足够识别唯一的命令关键字即可。

例如，Switch1#show running-config 命令可以简写成：

```
Switch#sh run
```

如果输入的命令字符不足以让系统唯一地识别命令关键字，则系统将给出"% Ambiguous command:"提示符。

例如，输入

```
Switch#co
```

系统提示：

```
Ambiguous command: "co"
```

通过 Switch#co? 可以看到有三个命令：configure、connect、copy，它们前两个字母都是 co。

3. 修改主机名

默认情况下，所有交换机的主机名都为 Switch。当网络中使用了多个交换机时，为了

项目四　工业网络组建

区别，通常根据交换机的应用场地，为交换机设置一个具体的主机名。在全局配置模式下，通过 hostname 配置命令来实现，其用法为：

```
hostname 自定义名称
```

例如，若要将交换机的主机名设置为 Switch1，则设置命令为：

```
Switch(config)#hostname Switch1
Switch1(config)#
```

4. 配置交换机端口参数

这里修改交换机端口的速度和工作模式。一般情况下，当交换机接入网络后，交换机就可以正常工作了，无须修改。交换机端口参数配置命令为：

```
Switch(config)#int f0/1
! 进入端口 F0/1 的配置模式
Switch(config-if)#speed 100
! 设置端口速率为 100 Mb/s
Switch(config-if)#duplex full
! 设置端口工作模式为全双工
```

5. 查看配置信息

在特权模式下，可以使用 show 命令查看交换机的相应配置文件内容。

例如：

Switch#show version：查看设备的软件版本等信息。

Switch#show running-config：查看 RAM 里面当前生效的配置信息。

Switch#show vlan：查看交换机 VLAN 配置信息。

Switch#show interfaces f0/2 switchport：查看交换机接口的具体信息。

Switch#show mac-address-table：查看交换机的 MAC 地址表。

6. 退出命令

由于不同命令模式下支持不同的命令，有时配置交换机时，需要退出当前命令模式，从而实现不同模式之间的切换，常用的命令有 exit 和 end。两者的区别是：exit 仅仅退出当前所在模式，end 直接退出到特权模式。

例如：

```
Switch(config-if)#exit
Switch(config)#
! 输入 exit 并按 Enter 键，可以看到命令模式由接口配置模式变成全局模式
Switch(config-if)#end
Switch#
! 输入 end 并按 Enter 键，可以看到命令模式直接变成特权模式
```

特别要注意的是，在特权模式和用户模式中，end 命令是无效的，即在 Switch# 和 Switch > 下不能输入 End。

177

4.12 交换机端口安全

4.12.1 网络安全概述

网络安全是指网络系统的硬件、软件及其系统中的数据受到保护,不受偶然的或者恶意的原因而遭到破坏、更改、泄露,系统连续、可靠、正常地运行,网络服务不中断。网络安全从其本质上来讲主要就是网络上的信息安全,即要保障网络上信息的保密性、完整性、可用性、可控性和真实性。

随着网络应用的深入,网上各种数据及种类会急剧增加,如数控机床运行状态数据、ERP管理数据等,一般这些数据都要存放至云端。于是各种各样的安全问题开始困扰网络管理人员。

通常,对数据和设备构成安全威胁的因素很多,有的来自企业外部,有的来自企业内部;有的是人为的,有的是自然造成的;有的是恶意的,有的是无意的。其中来自外部和内部人员的恶意攻击和入侵是企业网面临的最大威胁,也是企业网安全策略最需要解决的问题。

作为一名网络管理员,我们要从自身做起,遵守"网络安全法",做好网络使用者和维护者。

4.12.2 交换机端口类型

交换机端口安全

交换机是一个多端口设备。不同厂家生产的设备,端口类型各不相同。如华为交换机每个端口有三种工作模式:Access、Trunk 和 Hybrid。思科交换机端口工作模式则为 Access、Trunk 和 Dynamic。本小节重点介绍 Access 和 Trunk 端口模式。

1. Access 端口

Access 端口,即接入端口,用于连接计算机等终端设备,只能属于一个 VLAN,即只能传输一个 VLAN 的数据,它发送的数据帧不带 VLAN 标签。Access 端口收到入站数据帧后,会判断这个数据帧是否携带 VLAN 标签。若不携带,则为该数据帧插入本端口的 PVID 并进行下一步处理;若携带,则判断数据帧的 VLAN ID 是否与本端口的 PVID 相同,若相同,则进行下一步处理,若不同,则丢弃该数据帧。Access 端口在发送出站数据帧之前,会判断这个要被转发的数据帧中携带的 VLAN ID 是否与出站端口的 PVID 相同,若相同,则去掉 VLAN 标签进行转发;若不同,则丢弃该数据帧。

2. Trunk 端口

Trunk 端口,即干道端口,用于连接交换机等网络设备,它允许传输多个 VLAN 的数据,发送的数据帧一般是带有 VLAN 标签的。Trunk 端口属于多个 VLAN,一般需要设置其默认 VLAN。Trunk 端口可以传输所有 VLAN 的帧,为了减轻设备的负载,减少对网络带宽的浪费,可以通过设置 VLAN 许可列表来限制 Trunk 端口传输哪些 VLAN 的帧。

Trunk 端口收到入站数据帧后,会判断这个数据帧是否携带 VLAN 标签。若不携带,则为该数据帧插入本端口的 PVID 并进行下一步处理;若携带,则判断本端口是否允许传输该数据帧的 VLANID,若允许,则进行下一步处理,否则丢弃该数据帧。Trunk 端口在发送出站数据帧之前，会判断这个要被转发的数据帧中携带的 VLAN ID 是否与出站端口的 PVID 相同，若相同，则去掉 VLAN 标签进行转发；若不同，则判断本端口是否允许传输该数据帧的 VLAN ID，若允许，则进行转发（保留原标签），否则，丢弃该数据帧。

4.12.3　交换机端口安全机制

可管理交换机都具有端口安全功能，利用该功能可以实现网络接入安全。交换机的端口安全机制是工作在交换机二层端口上的一个安全特性，其主要功能如下：

①只允许特定 MAC 地址的设备接入交换机的指定端口，从而防止用户将非法或未授权的设备接入网络。

②限制端口接入的设备数量，防止用户将过多的设备接入网络中。

③有些交换机还可以指定接入端口设备的 IP 地址。

当一个端口被配置成一个安全端口后，交换机将检查从此端口接收到的帧的源 MAC 地址，并检查在此端口配置的最大安全地址数。如果安全地址数没有超过配置的最大值，则交换机会检查安全地址表。若此帧的源 MAC 地址没有被包含在安全地址表中，那么交换机将自动学习此 MAC 地址，并将它加入安全地址表，标记为安全地址，进行后续转发；若此帧的源 MAC 地址已经存在于安全地址表中，那么交换机将直接对帧进行转发。安全端口的安全地址表项既可以通过交换机自动学习，也可以手工配置。

若要将交换机端口配置成安全端口，还需满足如下条件：

①一个安全端口必须是一个 Access 端口及连接终端设备的端口，而非 Trunk 端口。

②一个安全端口不能是一个聚合端口（Aggregate Port）。

③一个安全端口不能是 SPAN 的目的端口。

配置完交换机端口安全之后，还必须配置违例产生时针对违例的处理模式。违例处物模式一般有下列三种：

①protect：当违例产生时，交换机将丢弃该安全端口接收到的数据帧，不转发该数据帧。

②restrict：当违例产生时，交换机不仅丢弃该安全端口接收到的数据帧，而且发送一个 SNMP Trap 报文。

③shutdown：当违例产生时，交换机不仅丢弃该安全端口接收到的数据帧，而且发送一个 SNMP Trap 报文，并将该端口关闭。

4.13　端口聚合

4.13.1　网络冗余链路

随着 Internet 的发展，工业互联网络将转变成一个公共服务提供平台。作为终端用户，希望能时时刻刻保持与网络的联系，因此需要使网络更加可靠和健壮，减少网络线路和设备故障对网络的影响，人们常常使用"冗余"技术。网络中的冗余可以使当网络中出现单点故障时，还有其他备份组件可以使用，整个网络运行基本不受影响，用户几乎感觉不到。

网络冗余拓扑结构可以减少网络的停机时间或者不可用时间。单条链路、单个端口或者单台网络设备都有可能发生故障和错误，影响整个网络的正常运行，此时，如果有备份的链路、端口或者设备，就可以解决这些问题，尽量减少丢失的连接，保障网络不间断运行。使用冗余拓扑能够为网络带来健壮性、稳定性和可靠性等好处,提高网络的容错能力。

图 4-89 所示是一个交换网的冗余链路拓扑模型。当网络正常运行时,交换机 1 作为交换中心节点,实现交换机 2 和交换机 3 所连终端之间的数据通信,交换机 2 和交换机 3 之间的链路作为备份链路;当主链路出现故障时,如交换机 1 和交换机 2 之间的链路发生故障,则交换机 2 和交换机 3 之间的链路作为备份链路被激活,网络访问的数据流量会通过备份链路传输,从而提高网络的整体可靠性。

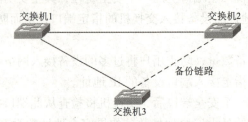

图 4-89 冗余链路拓扑模型

4.13.2 生成树协议

上述冗余链路技术的缺点是会使网络形成环路,引起广播风暴等问题。为了避免网络出现环路,DEC 公司开发了生成树协议(Spanning Tree Protocol,STP),IEEE 802 委员会进行了修改,制定了 IEEE 802.1d 标准。华为或思科交换机都默认开启生成树协议,有些设备可能启用快速生成树协议,这需要根据不同的设备进行配置。

STP 协议的主要功能是维持一个无环路的网络拓扑结构,当交换机或者网桥发现网络中存在物理环路时,就会逻辑地阻塞一个或多个冗余端口,解决由于备份链路引起的环路问题,同时还具备链路备份的功能。

STP 协议的主要思想是当网络中存在备份链路时,只允许主链路激活。如果主链路因故障而中断,备用链路才会被打开。当交换机之间存在多条链路时,交换机的生成树算法只启用最主要的一条链路,而将其他链路阻塞,并变为备用链路。当主链路出现问题时,生成树协议将自动启用备用链路接替主链路的工作,无须任何人工干预。

4.13.3 端口聚合

使用 STP 协议的交互网络能够实现具有备份链路的无环网络,当网络出现故障时,能自动切换,但其切换等待实际较长,有时需要等待 50 s 左右。

端口聚合(Aggregate Port,AP)是把交换机上多个端口在物理上聚合,在逻辑上捆绑在一起,形成一个拥有较大带宽的端口,形成一个干路,可以均衡负载,并提供冗余连接,其标准为 IEEE 802.3ad,如图 4-90 所示。

图 4-90 端口聚合拓扑模型

端口聚合可以提高链路的带宽。例如,以太网交换单个 1 000 Mb/s 端口的带宽是 1 000 Mb/s,全双工理论值可以达到 2 000 Mb/s,4 个端口做聚合,就能得到 8 000 Mb/s 的带宽。而且端口聚合在提高带宽的同时,也提供了冗余连接,增强系统健壮性,因为即使 4 根聚合线中断了一根,其他三根照样能正常工作,唯一的改变只是 8 000 Mb/s 变成了 6 000 Mb/s。

> **想一想**
>
> 理论与现实是有差距的,实际运行时,不可能达到理论值的带宽。我们做事也要从实际出发,做到理论联合实践。

此外,通过聚合端口发送的帧还可以在所有成员端口上进行流量平衡,如果 AP 中的一条成员链路失效,聚合端口会自动将这条链路上的流量转移到其他有效的成员链路上,提高连接的可靠性。

任务实施

任务一:利用虚拟局域网技术划分网段

1. 案例背景与要求

在前面的项目中,利用 Cisco Packet Tracer 软件完成了 CZMEC 公司小型办公网络拓扑图的绘制任务。

随着公司业务的扩张,为了方便办公室,需要在两个车间安排设计部和项目部人员。由于两个部门的业务范围不同,只允许同一部门内进行用户访问,现要求对接入交换机进行配置,隔离两个部门的二层访问。案例拓扑如图 4-91 所示。

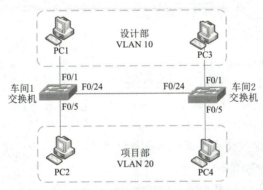

图 4-91 虚拟局域网技术划分网段案例拓扑

2. 案例配置过程

(1) 配置两台交换机的主机名

车间 1 交换机的配置如下:

```
Switch>enable
!进入交换机特权模式
Switch#configure terminal
Enter configuration commands, one per line. End with CNTL/Z.
!进入交换机全局模式
Switch(config)#hostname sw1
sw1(config)#
```

车间2交换机的配置如下：

```
Switch>enable
！进入交换机特权模式
Switch#configure terminal
Enter configuration commands,one per line.  End with CNTL/Z.
！进入交换机全局模式
Switch(config)#hostname sw2
sw1(config)#
```

（2）分别在两个交换机上创建 VLAN 10 和 VLAN 20

车间1交换机的配置如下：

```
sw1(config)#vlan 10
sw1(config-vlan)#name shejibu
！在车间1交换机 SW1 上创建 VLAN 10，并命名为 shejibu
sw1(config-vlan)#exit
！退出 VLAN 接口配置模式，返回至全局模式
sw1(config)#vlan 20
sw1(config-vlan)#name xiangmubu
！在车间1交换机 SW1 上创建 VLAN 10，并命名为 xiangmubu
```

车间2交换机的配置如下：

```
sw2(config)#vlan 10
sw2(config-vlan)#name shejibu
！在车间2交换机 SW1 上创建 VLAN 10，并命名为 shejibu
sw2(config-vlan)#exit
！退出 VLAN 接口配置模式，返回至全局模式
sw2(config)#vlan 20
sw2(config-vlan)#name xiangmubu
！在车间2交换机 SW1 上创建 VLAN 10，并命名为 xiangmubu
```

（3）将不同端口添加到对应 VLAN

车间1交换机的配置如下：

```
sw1(config)#interface FastEthernet0/1
！进入车间1交换机端口 F0/1
sw1(config-if)#switchport mode access
！将 F0/1 端口模式设置为 Access
sw1(config-if)#switchport access vlan 10
！将 F0/1 端口模式添加至 VLAN 10
```

```
sw1(config-if)#exit
sw1(config)#interface FastEthernet0/5
!进入车间1交换机端口F0/5
sw1(config-if)#switchport mode access
!将F0/5端口模式设置为Access
sw1(config-if)#switchport access vlan 20
!将F0/5端口模式添加至VLAN 20
```

车间2交换机的配置如下：

```
sw2(config)#interface FastEthernet0/1
!进入车间2交换机端口F0/1
sw2(config-if)#switchport mode access
!将F0/1端口模式设置为Access
sw2(config-if)#switchport access vlan 10
!将F0/1端口模式添加至VLAN 10
sw2(config-if)#exit
sw2(config)#interface FastEthernet0/5
!进入车间2交换机端口F0/5
sw2(config-if)#switchport mode access
!将F0/5端口模式设置为Access
sw2(config-if)#switchport access vlan 20
!将F0/5端口模式添加至VLAN 20
```

（4）将交换机之间互联的端口模式设置为Trunk，并允许VLAN 10和VLAN 10通过
车间1交换机的配置如下：

```
sw1(config)#interface FastEthernet0/24
!进入车间1交换机端口F0/24
sw1(config-if)#switchport mode trunk
!将F0/24端口模式设置为Trunk
sw1(config-if)#switchport trunk allowed vlan 10,20
!允许VLAN 10和VLAN 10通过F0/24
```

车间2交换机的配置如下：

```
sw2(config)#interface FastEthernet0/24
!进入车间2交换机端口F0/24
sw2(config-if)#switchport mode trunk
!将F0/24端口模式设置为Trunk
sw2(config-if)#switchport trunk allowed vlan 10,20
!允许VLAN 10和VLAN 10通过F0/24
```

(5) 查看两台交换机的 VLAN 和 Trunk 信息

查看车间 1 交换机:

```
sw1#show vlan
! 进入交换机特权模式，查看车间 1 交换机 VLAN 的设置
VLAN Name                    Status     Ports
---- ------------------------ --------- -------------------------------
1    default                  active    Fa0/2, Fa0/3, Fa0/4, Fa0/6
                                        Fa0/7, Fa0/8, Fa0/9, Fa0/10
                                        Fa0/11, Fa0/12, Fa0/13, Fa0/14
                                        Fa0/15, Fa0/16, Fa0/17, Fa0/18
                                        Fa0/19, Fa0/20, Fa0/21, Fa0/22
                                        Fa0/23, Gig1/1, Gig1/2
10   shejibu                  active    Fa0/1
20   xiangmubu                active    Fa0/5
1002 fddi-default             act/unsup
1003 token-ring-default       act/unsup
1004 fddinet-default          act/unsup
1005 trnet-default            act/unsup

VLAN Type  SAID    MTU  Parent RingNo BridgeNo Stp  BrdgMode Trans1 Trans2
---- ----- ------- ---- ------ ------ -------- ---- -------- ------ ------
1    enet  100001  1500 -      -      -        -    -        0      0
10   enet  100010  1500 -      -      -        -    -        0      0
20   enet  100020  1500 -      -      -        -    -        0      0
1002 fddi  101002  1500 -      -      -        -    -        0      0
1003 tr    101003  1500 -      -      -        -    -        0      0
1004 fdnet 101004  1500 -      -      -        ieee -        0      0
1005 trnet 101005  1500 -      -      -        ibm  -        0      0
sw1#show interfaces fastEthernet 0/24 switchport
! 进入交换机特权模式，查看车间 1 交换机端口 F0/24 的设置 Name: Fa0/24
Switchport: Enabled
Administrative Mode: trunk
Operational Mode: trunk
Administrative Trunking Encapsulation: dot1q
Operational Trunking Encapsulation: dot1q
Negotiation of Trunking: On
Access Mode VLAN: 1 (default)
Trunking Native Mode VLAN: 1 (default)
```

```
Voice VLAN: none
Administrative private-vlan host-association: none
Administrative private-vlan mapping: none
Administrative private-vlan trunk native VLAN: none
Administrative private-vlan trunk encapsulation: dot1q
Administrative private-vlan trunk normal VLANs: none
Administrative private-vlan trunk private VLANs: none
Operational private-vlan: none
Trunking VLANs Enabled: ALL
Pruning VLANs Enabled: 2-1001
Capture Mode Disabled
Capture VLANs Allowed: ALL
Protected: false
Appliance trust: none
```

查看车间 2 交换机：

```
sw2#show vlan
！进入交换机特权模式，查看车间 2 交换机 VLAN 的设置
VLAN Name                 Status    Ports
---- ------------------   --------- -------------------------------
1    default              active    Fa0/2, Fa0/3, Fa0/4, Fa0/6
                                    Fa0/7, Fa0/8, Fa0/9, Fa0/10
                                    Fa0/11, Fa0/12, Fa0/13, Fa0/14
                                    Fa0/15, Fa0/16, Fa0/17, Fa0/18
                                    Fa0/19, Fa0/20, Fa0/21, Fa0/22
                                    Fa0/23, Gig1/1, Gig1/2
10   shejibu              active    Fa0/1
20   xiangmubu            active    Fa0/5
1002 fddi-default         act/unsup
1003 token-ring-default   act/unsup
1004 fddinet-default      act/unsup
1005 trnet-default        act/unsup
```

VLAN	Type	SAID	MTU	Parent	RingNo	BridgeNo	Stp	BrdgMode	Trans1	Trans2
1	enet	100001	1500	-	-	-	-	-	0	0
10	enet	100010	1500	-	-	-	-	-	0	0
20	enet	100020	1500	-	-	-	-	-	0	0
1002	fddi	101002	1500	-	-	-	-	-	0	0

```
1003 tr    101003 1500  -    -    -    -          -    0    0
1004 fdnet 101004 1500  -    -    -    ieee       -    0    0
1005 trnet 101005 1500  -    -    -    ibm        -    0    0
```

sw2#show interfaces fastEthernet 0/24 switchport
！进入交换机特权模式，查看车间 2 交换机端口 F0/24 的设置
Name: Fa0/24
Switchport: Enabled
Administrative Mode: trunk
Operational Mode: trunk
Administrative Trunking Encapsulation: dot1q
Operational Trunking Encapsulation: dot1q
Negotiation of Trunking: On
Access Mode VLAN: 1 (default)
Trunking Native Mode VLAN: 1 (default)
Voice VLAN: none
Administrative private-vlan host-association: none
Administrative private-vlan mapping: none
Administrative private-vlan trunk native VLAN: none
Administrative private-vlan trunk encapsulation: dot1q
Administrative private-vlan trunk normal VLANs: none
Administrative private-vlan trunk private VLANs: none
Operational private-vlan: none
Trunking VLANs Enabled: ALL
Pruning VLANs Enabled: 2-1001
Capture Mode Disabled
Capture VLANs Allowed: ALL
Protected: false
Appliance trust: none

（6）查看两台交换机当前生效的配置信息
查看车间 1 交换机：

sw1#show running-config
Building configuration...
Current configuration : 1168 bytes
version 12.1
no service timestamps log datetime msec
no service timestamps debug datetime msec
no service password-encryption
!

```
hostname sw1
!
!
!
interface FastEthernet0/1
switchport access vlan 10
switchport mode access
!
interface FastEthernet0/2
!
interface FastEthernet0/3
!
interface FastEthernet0/4
!
interface FastEthernet0/5
switchport access vlan 20
switchport mode access
!
interface FastEthernet0/6
!
interface FastEthernet0/7
!
interface FastEthernet0/8
!
interface FastEthernet0/9
!
interface FastEthernet0/10
!
interface FastEthernet0/11
!
interface FastEthernet0/12
!
interface FastEthernet0/13
!
interface FastEthernet0/14
!
interface FastEthernet0/15
!
```

```
interface FastEthernet0/16
!
interface FastEthernet0/17
!
interface FastEthernet0/18
!
interface FastEthernet0/19
!
interface FastEthernet0/20
!
interface FastEthernet0/21
!
interface FastEthernet0/22
!
interface FastEthernet0/23
!
interface FastEthernet0/24
switchport trunk allowed vlan 10, 20
switchport mode trunk
!
interface GigabitEthernet1/1
!
interface GigabitEthernet1/2
!
interface Vlan1
no ip address
shutdown
!
!
line con 0
!
line vty 0 4
login
line vty 5 15
login
!
!
end
```

查看车间 2 交换机：

```
sw2h#show running-config
Building configuration…

Current configuration : 1086 bytes
!
version 12.2
no service timestamps log datetime msec
no service timestamps debug datetime msec
no service password-encryption
!
hostname sw2
!
!
!
interface FastEthernet0/1
switchport access vlan 10
!
interface FastEthernet0/2
!
interface FastEthernet0/3
!
interface FastEthernet0/4
!
interface FastEthernet0/5
switchport access vlan 20
!
interface FastEthernet0/6
!
interface FastEthernet0/7
!
interface FastEthernet0/8
!
interface FastEthernet0/9
!
!
interface FastEthernet0/10
interface FastEthernet0/11
```

```
!
interface FastEthernet0/12
!
interface FastEthernet0/13
!
interface FastEthernet0/14
!
interface FastEthernet0/15
!
interface FastEthernet0/16
!
interface FastEthernet0/17
!
interface FastEthernet0/18
!
interface FastEthernet0/19
!
interface FastEthernet0/20
!
interface FastEthernet0/21
!
interface FastEthernet0/22
!
interface FastEthernet0/23
!
interface FastEthernet0/24
switchport mode trunk
!
interface GigabitEthernet1/1
!
interface GigabitEthernet1/2
!
interface Vlan1
no ip address
shutdown
!
!
line con 0
```

```
!
line vty 0 4
login
line vty 5 15
login
!
!
end
```

3. 案例验证

(1) 分别给 PC 机配置相应的 IP 地址 (表 4-8)

表 4-8 计算机 IP 及 VLAN 分配方案

PC 编号	IP 地址	所属 VLAN
PC1	192.168.1.1/24	VLAN 10
PC2	192.168.1.2/24	VLAN 20
PC3	192.168.1.3/24	VLAN 10
PC4	192.168.1.4/24	VLAN 20

(2) 测试计算机的连通性

设计部的 PC 可以跨交换机互相通信,设计部和项目部的 PC 无法互相通信。

PC1 能 ping 通 PC3:

```
PC >ping 192.168.1.3
Pinging 192.168.1.3 with 32 bytes of data:
Reply from 192.168.1.3: bytes =32 time =24ms TTL =128
Reply from 192.168.1.3: bytes =32 time =14ms TTL =128
Reply from 192.168.1.3: bytes =32 time =14ms TTL =128
Reply from 192.168.1.3: bytes =32 time =15ms TTL =128
Ping statistics for 192.168.1.3:
    Packets: Sent = 4, Received = 4, Lost = 0 (0% loss),
Approximate round trip times in milli - seconds:
    Minimum = 14ms, Maximum = 24ms, Average = 16ms
```

PC2 能 ping 通 PC4:

```
PC >ping 192.168.1.4
Pinging 192.168.1.4 with 32 bytes of data:
Reply from 192.168.1.4: bytes =32 time =31ms TTL =128
Reply from 192.168.1.4: bytes =32 time =12ms TTL =128
Reply from 192.168.1.4: bytes =32 time =6ms TTL =128
```

```
Reply from 192.168.1.4: bytes =32 time =7ms TTL =128
Ping statistics for 192.168.1.4:
    Packets: Sent = 4, Received = 4, Lost = 0 (0% loss),
Approximate round trip times in milli - seconds:
    Minimum = 6ms, Maximum = 31ms, Average = 14ms
```

PC1 不能 ping 通 PC3：

```
PC > ping 192.168.1.4
Pinging 192.168.1.4 with 32 bytes of data:
Request timed out.
Request timed out.
Request timed out.
Request timed out.
Ping statistics for 192.168.1.4:
    Packets: Sent = 4, Received = 0, Lost = 4 (100% loss),
```

任务二：交换机端口安全配置

1. 案例背景与要求

随着网络的快速发展，来自外部和内部人员的恶意攻击与入侵是企业网面临的最大威胁。设计部是企业的核心部门，需要实施严格的网络接入控制，员工不能私自对网络进行扩展或者使用未经允许的计算机接入企业网络。每个交换端口只能接入一台规定的计算机，不能随意改变，否则自动关闭该物理接口，如图 4 - 92 所示。

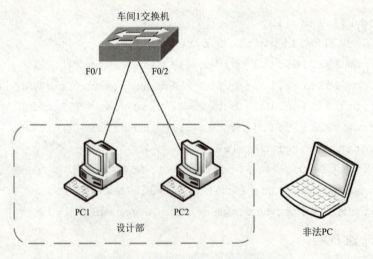

图 4 - 92　交换机端口安全配置案例拓扑

2. 案例配置过程

（1）配置交换机端口的最大连接数限制

车间 1 交换机的配置如下：

```
sw1＞enable
sw1#conf ter
sw1（config）#interface range f0/1-24
```
！接入一组端口的配置模式，对交换机的 24 个端口统一配置
```
sw1（config-if-range）#switchport mode access
sw1（config-if-range）#switchport port-security maximum 1
```
！开启端口的端口安全功能
```
sw1（config-if-range）#switchport port-security violation shutdown
```
！设置端口安全违例的处理方式为关闭

（2）配置交换机端口的地址绑定

本例中将 PC1（MAC 地址：0002.1685.5915）绑定在 F0/1 口，PC2（MAC 地址：0030.F271.125B）绑定在 F0/2 口。

车间 1 交换机的配置如下：

```
sw1（config）#inter f0/1
sw1（config-if）#switchport port-security mac-address 0002.1685.5915
```
！将 PC1 的 MAC 地址（0002.1685.5915）绑定在 F0/1 口
```
sw1（config-if）#exit
sw1（config）#inter f0/2
sw1（config-if）#switchport port-security mac-address 0030.F271.125B
```
！将 PC2 的 MAC 地址（0030.F271.125B）绑定在 F0/2 口

（3）查看交换机端口的安全配置

在车间 1 交换机中输入"show port-security interface f0/1"，结果如下：

```
sw1#show port-security interface f0/1
Port Security              : Enabled
Port Status                : Secure-up
Violation Mode             : Shutdown
Aging Time                 : 0 mins
Aging Type                 : Absolute
SecureStatic Address Aging : Disabled
Maximum MAC Addresses      : 1
Total MAC Addresses        : 1
Configured MAC Addresses   : 1
Sticky MAC Addresses       : 0
```

```
Last Source Address: Vlan          : 00D0.BA89.B858: 10
Security Violation Count           : 0
```

在车间1交换机中输入"show port-security address",结果如下:

```
sw1#show port-security address
            Secure Mac Address Table
-------------------------------------------------------------
Vlan   Mac Address   Type   Ports   Remaining Age
                                    (mins)
-----  ------------  -----  ------  ---------------
1      0002.1685.5915  SecureConfigured  FastEthernet0/1    -
1      0030.F271.125B  SecureConfigured  FastEthernet0/2    -
-------------------------------------------------------------
Total Addresses in System (excluding one mac per port)      : 0
Max Addresses limit in System (excluding one mac per port)  : 1024
```

3. 案例验证

本项目中交换机的每个端口只能连接一台设备,在交换机 F0/1 端口上通过集线器连接多台 PC 时,可以发现 F0/1 端口指示灯自动关闭,变成红色,如图 4-93 所示。

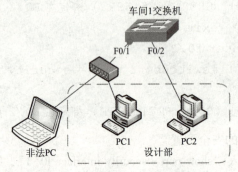

图 4-93 连接多台 PC 违例示意图

本项目中交换机 F0/1、F0/2 端口分别绑定了 PC1、PC2。现去除 PC1 或 PC2,将非法 PC 直接接入 F0/1 或 F0/2,可以发现 F0/1 端口指示灯自动关闭,变成红色,如图 4-94 所示。

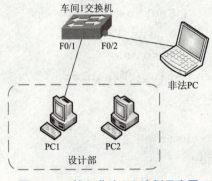

图 4-94 接入非法 PC 违例示意图

任务三：端口聚合

1. 案例背景与要求

随着接入的 PC 或工业设备不断增多，网络流量不断增加，对内网服务的访问流量也越来越大，网络中部分节点的链路带宽会成为网络"瓶颈"，同时，设备的增多对网络的稳定性提出了新的要求。利用端口聚合技术增加交换网的带宽并提供冗余链路，如图 4-95 所示。

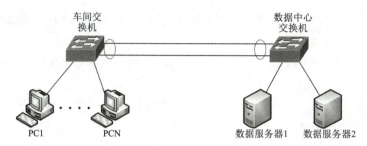

图 4-95　端口聚合案例拓扑

2. 案例配置过程

（1）在车间交换机（主机名：sw1）和数据中心交换机（主机名：data-sw）上配置聚合端口

车间交换机配置如下：

```
sw1(config)#inter range f0/23 -24
！接入一组端口的配置模式，对交换机的 23 号和 24 号两个端口统一配置
sw1(config-if-range)#channel-group 1 mode on
！创建聚合端口1，并将F0/23、F0/24 加入聚合端口1
 % LINK -5 - CHANGED: Interface Port - channel 1, changed state to up
 % LINEPROTO -5 - UPDOWN: Line protocol on Interface Port - channel 1, changed state to up
 % LINK - 5 - CHANGED: Interface FastEthernet0/23, changed state to up
 % LINEPROTO -5 - UPDOWN: Line protocol on Interface FastEthernet0/23, changed state to up
 % LINK - 5 - CHANGED: Interface FastEthernet0/24, changed state to up
 % LINEPROTO -5 - UPDOWN: Line protocol on Interface FastEthernet0/24, changed state to up
```

数据中心交换机配置如下：

```
data-sw(config)#inter range f0/23 -24
！接入一组端口的配置模式，对交换机的 23 号和 24 号两个端口统一配置
data-sw(config-if-range)#channel-group 1 mode on
！创建聚合端口1，并将F0/23、F0/24 加入聚合端口1
```

```
    % LINK-5-CHANGED: Interface Port-channel 1, changed state to up
    % LINEPROTO-5-UPDOWN: Line protocol on Interface Port-channel
1, changed state to up
    % LINK-5-CHANGED: Interface FastEthernet0/23, changed state
to up
    % LINEPROTO-5-UPDOWN: Line protocol on Interface FastEthernet0/
23, changed state to up
    % LINK-5-CHANGED: Interface FastEthernet0/24, changed state
to up
    % LINEPROTO-5-UPDOWN: Line protocol on Interface FastEthernet0/
24, changed state to up
```

(2) 配置聚合端口 1 为 Trunk 模式

车间交换机配置如下：

```
sw1 (config) #interface port-channel 1
sw1 (config-if) #switchport mode trunk
```

数据中心交换机配置如下：

```
data-sw (config) #interface port-channel 1
data-sw (config-if) #switchport mode trunk
```

(3) 配置聚合端口 1 的负载均衡方式

由于车间交换机连接的是普通 PC，可以配置其负载均衡方式是依据源地址；数据中心交换机连接的是服务器，可以配置其负载均衡方式是依据目的地址。

负载均衡的依据有：

dst-ip	Dst IP Addr
dst-mac	Dst Mac Addr
src-dst-ip	Src XOR Dst IP Addr
src-dst-mac	Src XOR Dst Mac Addr
src-ip	Src IP Addr
src-mac	Src Mac Addr

车间交换机配置如下：

```
sw1 (config) #port-channel load-balance src-ip
```

数据中心交换机配置如下：

```
data-sw (config) #port-channel load-balance dst-ip
```

(4) 查看聚合端口的配置情况

在车间交换机中输入"show interfaces etherchannel"，查看聚合端口 1 信息：

```
sw1#show interfaces etherchannel
FastEthernet0/23:
Port state = 1
Channel group    =1            Mode = On      Gcchange = -
Port - channel   = Po1         GC = -         Pseudo port - channel = Po1
Port index     = 0             Load = 0x0    Protocol = -

Age of the port in the current state: 00d: 00h: 15m: 41s

FastEthernet0/24:
Port state =1
Channel group    =1            Mode = On      Gcchange = -
Port - channel   = Po1         GC = -         Pseudo port - channel = Po1
Port index     = 0             Load = 0x0 Protocol = -

Age of the port in the current state: 00d: 00h: 15m: 41s


----
Port - channel1: Port - channel1
Age of the Port - channel    = 00d: 00h: 24m: 48s
Logical slot/port            = 2/1         Number of ports = 2
GC                           = 0x00000000  HotStandBy port = null
Port state                   =
Protocol                     = 3
Port Security                = Disabled

Ports in the Port - channel:

Index  Load   Port    EC state         No of bits
------+------+-------+-----------------+-----------
 0     00     Fa0/23  On               0
 0     00     Fa0/24  On               0
Time since last port bundled:    00d: 00h: 15m: 41s    Fa0/24
```

在车间交换机中输入"show etherchannel load-balance",查看聚合端口 1 负载均衡配置信息:

```
sw1#show etherchannel load - balance
EtherChannel Load - Balancing Operational State (src - ip):
```

```
Non-IP: Source MAC address
    IPv4: Source IP address
    IPv6: Source IP address
```

3. 案例验证

车间交换机和数据中心交换机设置聚合端口后，网络正常运行。当断开交换机之间的某一条链路后，网络会出现短暂的中断。

如在 PC1 中访问数据服务器 1，然后断开交换机之间的某一条链路，测试结果如下：

```
PC > ping -t 192.168.1.222
Pinging 192.168.1.222 with 32 bytes of data:
Reply from 192.168.1.222: bytes =32 time =12ms TTL =128
Reply from 192.168.1.222: bytes =32 time =12ms TTL =128
Reply from 192.168.1.222: bytes =32 time =12ms TTL =128
Reply from 192.168.1.222: bytes =32 time =5ms TTL =128
Reply from 192.168.1.222: bytes =32 time =13ms TTL =128
Request timed out.
Request timed out.
Request timed out.
Request timed out.
Reply from 192.168.1.222: bytes =32 time =23ms TTL =128
```

小试牛刀

如图 4-96 所示的交换网络，有一台二层交换机：车间 1 交换机，一台三层交换机：车间 2 交换机。两台交换机都建有 VLAN 10 和 VLAN 20，具体接口如图 4-96 所示。

要求：
① 在模拟器中绘制网络拓扑，并给计算机设置合适的 IP 地址。
② 对两台交换机进行恰当设置，实现跨交换机相同 VLAN 内通信。
③ 交换机之间配置聚合链路，并实现有效的流量均衡。

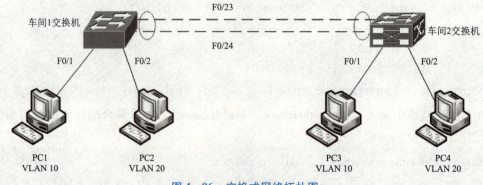

图 4-96 交换式网络拓扑图

大显身手

一、选择题

1. 以下选项中，在对交换机进行配置和管理过程中，将会用到的是（　　）。
   A. 超级终端　　　　B. SSH　　　　　C. Web 服务器　　　　D. FTP 服务器

2. 利用 Console 端口配置交换机时，以下选项中，不需要的是（　　）。
   A. 配置线缆　　　　　　　　　　　　B. 超级终端程序
   C. T568B 标准的跳线　　　　　　　　D. RJ-45 到 DB-9 转接头

3. 服务器的网卡为 100 Mb/s 网卡，交换机的端口为 100/1 000 Mb/s 自适应端口，最终该条链路的工作速度将会是（　　）。
   A. 100 Mb/s
   B. 1 000 Mb/s
   C. 无法工作，通信速率不匹配
   D. 能在 100 Mb/s 速率工作，但会不稳定，丢包率较高，原因是速率不匹配

4. 以下对交换机配置的描述，正确的是（　　）。
   A. 首次对交换机配置应使用 Console 口来连接计算机，连接线缆采用交叉网线
   B. 交换机的 Console 口与计算机的网卡相连，连接线缆必须采用专用的配置线缆
   C. 交换机的 Console 口应与计算机的串行口相连，并使用专用的配置线缆
   D. 交换机的 Console 口与计算机相连后，接下来就可通过 Telnet 登录来配置和管理交换机了

5. 在利用 Console 对交换机进行连接时，计算机端口的通信速率应设置为（　　）。
   A. 9 600 b/s　　　　B. 4 800 b/s　　　C. 19 200 b/s　　　D. 57 600 b/s

6. 利用 Console 连接登录到交换机后，所处的运行级别为（　　）。
   A. 用户模式　　　　B. 特权模式　　　C. 配置模式　　　　D. 接口配置模式

7. 在特权模式下，执行（　　）命令，可进入"switch（vlan）#"模式。
   A. config t　　　　B. line vty 0 4　　C. vlan 20　　　　　D. vlan database

8. 以下命令中，无法在用户 EXEC 模式下运行的是（　　）。
   A. hostname　　　　B. ping　　　　　C. traceroute　　　　D. exit

9. 目前是在 Cisco 交换机的"switch（config-if）#"状态，现要一次性退回到"switch#"状态，可执行（　　）命令来实现。
   A. exit　　　　　　　B. quit　　　　　C. end　　　　　　　D. return

二、简答题

1. 什么是 VLAN？VLAN 的实现方法有哪些？

2. 简述端口聚合与生成树协议的区别。

_____

_____

_____

3. 交换机端口安全特性有哪些?

_____

_____

_____

_____

任务 5　路由技术实践

学习目标

知识目标	能力目标	素质目标
◇ 了解路由的基本概念 ◇ 理解静态路由和动态路由的区别 ◇ 理解动态路由协议的工作过程和分类	◇ 掌握路由器的基本配置命令 ◇ 能够利用静态路由、动态路由协议实现网络连通	◇ 培养学生网络管理和维护的岗位操作规范 ◇ 培养学生团结合作精神

任务分析

前面学习了如何如利用 VLAN 技术和 IP 地址实现用户的隔离,但有的时候不同网段的用户需要协同工作,共同完成一个项目,这就需要用到网络层的技术——路由技术。路由技术是在网络拓扑结构中为不同节点的数据提供传输路径的技术,那么该技术如何实现不同 VLAN 或不同网段的用户互相通信呢?下面就来研究一下。

知识精讲

4.14　路由基础

4.14.1　路由的基本概念

1. 路由

路由是指网络中的数据包到达路由器或三层交换机时,根据 IP 数据包中的目的地址进行寻址并转发的过程,如图 4-97 所示。由此可见,路由包括两个基本操作:最佳路径的判定和网络间信息包的转发。

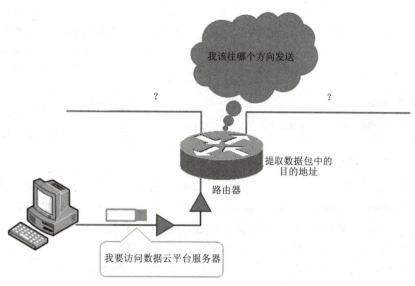

图 4-97　路由选择过程

路由通常可以分成以下三类：
① 直通路由：也称为接口路由，是链路层协议发现的路由。
② 静态路由：由网络管理员手工配置的路由。
③ 动态路由：通过一种或多种动态路由协议自动获取的路由信息。

2. 路由器

路由器是执行路由的网络设备，可以将不同的网络或者网段连接起来构成规模更大、范围更广的网络。它工作在网络层。路由器可以将相同类型的网络或者不同类型的网络（异构网）连接起来，相互通信。

在互联网中进行路由选择需要使用路由器，每个路由器只负责自己本站数据包通过最优的路径转发，通过多个路由器的接力转发将数据传输至目的地，如图 4-98 所示。

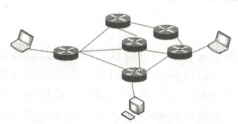

图 4-98　路由器连接网络拓扑图

对路由器的访问和交换机一样，也有以下 4 种方式：
① 通过带外方式对路由器进行管理。
② 通过 Telnet 对路由器进行远程管理。
③ 通过 Web 对路由器进行远程管理。
④ 通过 SNMP 管理工作站对路由器进行远程管理。

第一次配置路由器时，必须通过 Console 口方式对路由器进行配置，因为这种配置方式是用计算机的串口直接连接路由器的 Console 口进行配置，并不占用网络带宽，因此被称为带外管理

(Out of Band)。因为登录其他方式往往需要借助于 IP 地址、域名或设备名称才可以实现，而新出厂的路由器没有内置这些参数，所以第一次配置路由器时，需要通过 Console 口配置。

> 想一想
>
> 在互联网中，有成百上千的路由器一起工作，实现数据的转发。要维护好、管理好它们，需要网络管理员的密切配合、团结合作。

4.14.2 路由协议的分类

路由设备之间要相互通信，需通过路由协议来相互学习，以构建一个到达其他设备的路由信息表，再根据路由表，实现 IP 数据包的转发。路由协议的常见分类如下。

1. 根据建立路由表的方式（手动配置或自动学习）分类

①静态路由协议：由网络管理人员手动配置路由器的路由信息。
②动态路由协议：路由器自动学习路由信息，动态建立路由表。

2. 根据不同路由算法分类

①距离矢量路由协议：通过判断数据包从源主机到目的主机所经过的路由器的个数来决定选择哪条路由，如路由信息协议（Routing Information Protocol，RIP）等。
②链路状态路由协议：不是根据路由器的数目选择路径，而是综合考虑从源主机到目的主机间的各种情况（如带宽、延迟、可靠性、承载能力和最大传输单元等），最终选择一条最优路径，如开放最短路径优先（Open Shortest Path First，OSPF）协议、中间系统到中间系统（Intermediate System – to – Intermediate System，IS – IS）协议等。

3. 根据不同的工作范围分类

①内部网关协议（Interior Gateway Protocol，IGP）：在一个自治系统内进行路由信息交换的路由协议，如 RIP、OSPF、IS – IS 等协议。
②外部网关协议（Exterior Gateway Protocol，EGP）：在不同自治系统间进行路由信息交换的路由协议，如 BGP 协议。

4.14.3 路由表

路由器将所有关于如何到达目标网络的最佳路径信息以数据库的形式存储起来，构成一张由若干个路由信息组成的表，这个表就是路由表。路由设备（如路由器、三层交换机）利用路由表进行数据转发。路由表就是手机里的通信录，通过联系人姓名找到电话号码，通过电话号码联系到对方，在这个过程中，联系人就是目标地址，电话号码就是最佳路径。

路由控制

通常情况下，一条路由信息由 5 部分组成：信息产生方式（信息类型）、目标网络/掩码、出站接口、下一跳 IP 地址、度量值，如图 4 – 99 所示。

类型	目的网络	端口	下一跳	度量值
C	172.16.1.0/24	FastEthernet0/0	---	0/0
C	172.16.2.0/24	Serial2/0	---	0/0
R	172.16.5.0/24	FastEthernet0/0	172.16.1.2	120/1
R	172.16.3.0/24	Serial2/0	172.16.2.2	120/1

图 4 – 99 路由表信息

```
Router#show ip route
Codes: C-connected, S-static, I-IGRP, R-RIP, M-mobile, B-BGP
    D-EIGRP, EX-EIGRP external, O-OSPF, IA-OSPF inter area
    N1-OSPF NSSA external type 1, N2-OSPF NSSA external type 2
    E1-OSPF external type 1, E2-OSPF external type 2, E-EGP
    i-IS-IS, L1-IS-IS level-1, L2-IS-IS level-2, ia-IS-IS
inter area
    *-candidate default, U-per-user static route, o-ODR
    P-periodic downloaded static route
Gateway of last resort is not set
C    172.16.1.0 is directly connected, FastEthernet0/0
C    172.16.2.0 is directly connected, Serial2/0
R    172.16.3.0 [120/1] via 172.16.2.2,00:00:03,Serial2/0
R    172.16.5.0 [120/1] via 172.16.1.2,00:00:31,FastEthernet0/0
```

4.15 直连路由

直接连接在路由器接口的网段，路由器会自动生成直连路由项。当接口的物理层和数据链路层正常时，直连路由会自动出现在路由表中；当此物理接口 down 掉后，此条路由会自动在路由表中消失。

如图 4-100 所示，路由器的 F0/0 和 F1/0 接口的状态都为 UP，IP 地址分别为 200.1.1.1/24 和 200.2.2.1/24。路由器推断出其所直接连接的网络分别是 200.1.1.0 和 200.2.2.0，于是在路由表中自动生成两条直连路由信息。

```
C200.1.1.0 is directly connected, FastEthernet0/0
C200.2.2.0 is directly connected, FastEthernet1/0
```

其中，C 表示该路由是直连路由。

图 4-100 路由器直连网络拓扑图

4.16 静态路由

静态路由是由网络管理员事先设置好的路由信息。其一般在系统安装时就根据网络的配置情况预先设定，不会随着未来网络结构的改变而改变。如果网络中有 100 个网络，网络管理员需要手工配置近 100 条路由信息。当网络发生变化时（如添加或减少路由器），可能会导致所有的静态路由信息都要修改,这会给网络管理员带来非常大的工作量。

1. 静态路由的优缺点

优点:静态路由配置简单、路由器资源负载小、可控性强等。

缺点:不能动态反映网络拓扑,当网络拓扑发生变化时,网络管理员必须手动配置并改变路由表,因此静态路由不适用于大型网络。

2. 静态路由一般配置步骤

①为路由器每个接口配置 IP 地址。
②确定本路由器有哪些直连网段的路由信息。
③确定网络中有哪些属于本路由器的非直连网段。
④添加本路由器的非直连网段相关的路由信息。

3. 静态路由配置命令

配置静态路由使用命令"ip route"。

```
router(config)#ip route [网络编号][子网掩码][转发路由器的IP地址/本地接口]
```

例:

```
ip route 192.168.10.0 255.255.255.0  serial 1/2
```

例:

```
ip route 192.168.10.0 255.255.255.0 172.16.2.1
```

如图 4-101 所示,路由器 RA 的 F0/0 接口的状态都为 UP,IP 地址分别为 192.168.40.1/24;路由器 RB 的 F1/0 接口的状态都为 UP,IP 地址分别为 192.168.50.1/24。路由器 RA 和 RB 互联网络为 192.168.100.0/24。

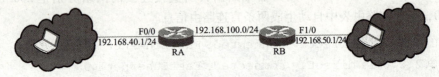

图 4-101 多路由器网络拓扑图

配置静态路由后,形成新的路由表如下所示。

路由器 RA 中的路由表:

```
C    192.168.40.0/24 is directly connected, FastEthernet0/0
C    192.168.100.0/24 is directly connected, Serial2/0
S    192.168.50.0/24 [1/0] via 192.168.100.2
```

路由器 RB 中的路由器:

```
C    192.168.50.0/24 is directly connected, FastEthernet1/0
C    192.168.100.0/24 is directly connected, Serial2/0
S    192.168.40.0/24 [1/0] via 192.168.100.1
```

其中，"S"表示该路由是静态路由；[1/0]中数字 1 表示管理距离，数字 0 表示路径开销度量值；"via 192.168.100.1"表示下一跳 IP 地址。

4.17 动态路由

4.17.1 动态路由优缺点

路由器根据网络系统的运行情况而自动调整路由表。路由器根据路由选择协议提供的功能，自动学习和记忆网络运行情况，在需要时自动计算数据传输的最佳路径。每个路由器都保存一张路由表，表中每一项对应一个目标网络和下一跳地址，还包括到达目标网络距离的度量值。

根据路由器学习路由和维护路由表的方法不同，常用的动态路由协议有两个：距离矢量路由协议和链路状态路由协议。距离矢量路由协议主要包括 RIP V1、RIP V2、IGRP 等，链路状态路由协议主要包括 OSPF、IS–IS 等。

1. 动态路由的优点

维护和管理方便：路由器之间通过协议（算法）自主学习的方法获取未知网段，更新路由表，其适用于中大型网络。

网络结构的变化可以自动重新收敛：新增或减少网段，拓扑可以自动重新收敛计算，获取新的路径。收敛时间根据不同的动态协议会有所不同。

2. 动态路由的缺点

安全性问题：易被终端伪装的路由器欺骗，造成数据的不安全通信，如使用 Tracert 命令确定 IP 数据包访问目标所采取的路径，从而探寻网络拓扑。

容易造成选路不佳：由于只是用固定的算法学习，容易在大型网络中出现数据的不同步现象，最严重的可能会出现环路的情况。

占用硬件资源：为保持协议之间的通信，动态路由会占用带宽、CPU、内存等硬件资源，会影响网络性能。

4.17.2 RIP 协议

路由信息协议（Routing Information Protocol，RIP）是内部网关协议 IGP 中最先得到广泛使用的协议。RIP 是一种分布式的基于距离矢量的路由选择协议。RIP 是应用层协议，使用 UDP 数据报传送，使用 520 号端口。

RIP 协议用跳数（hopcount）作为度量值，来表达距离，每经过一个路由器，跳数加 1；对于直接相连的目的网络，度量值为"0"。RIP 规定一条路由最多只能包含 15 条路由器，超过 15 就不可达，所以 RIP 协议只能应用于小型网络。

路由器周期性（如 30 s）地将自己的路由表发往邻居路由器；路由器对收到的路由信息进行处理，将会对到达每个目的网络的路由和度量值进行检查，如果发现一条距离更短的路由（或发现一条新的路由），则更新本节点的路由表。

RIP 协议一共有两个版本：

Version 1：有类路由协议，广播更新（由于不支持 VLSM，RIPv1 已经被淘汰，以 RIPv2 为主）。

Version 2：无类路由协议，支持 VLSM。

1. RIP 协议路由表建立过程

路由器在刚刚启动并配置好端口 IP 地址后，其只知道到直接连接的网络，此时在路由表中只有到直连网络的直连路由（此距离为 0），以后每一个路由器也只和数目非常有限的相邻路由器交换并更新路由信息。

按固定的时间间隔交换路由信息（每隔 30 s）。经过若干次更新后，所有的路由器最终都会知道到达本自治系统中任何一个网络的最短距离和下一跳路由器的地址。

2. RIP 协议在整个工作流程中主要使用的定时器

更新定时器（Updatetimer）：默认时长是 30 s，当此定时器超时时，立即发送更新报文。

老化定时器（Agetimer）：默认时长是 180 s，如果在老化时间内没有收到邻居发来的路由更新报文，则认为该路由不可达。

垃圾收集定时器（Garbage-collecttimer）：默认时长是 240 s，如果在垃圾收集时间内不可达路由没有收到来自同一邻居的更新，则该路由将被从 RIP 路由表中彻底删除。

抑制定时器（Suppresstimer）：默认时长是 180 s，当 RIP 设备收到对端的路由更新，其 cost 为 16，对应路由进入抑制状态，并启动抑制定时器。为了防止路由震荡，在抑制定时器超时之前，即使再收到对端路由 cost 小于 16 的更新，也不接受。当抑制定时器超时后，就重新允许接受对端发送的路由更新报文。

3. RIP 协议配置步骤

①开启 RIP 路由协议进程。

```
Router (config) #router rip
```

②申请本路由器参与 RIP 协议的直连网段信息。

```
Router (config-router) #network 192.168.1.0
```

在图 4-101 中，两个路由器运行 RIP，生成的路由表如下所示。

路由器 RA 中的路由表：

```
C    192.168.40.0/24 is directly connected, FastEthernet0/0
C    192.168.100.0/24 is directly connected, Serial2/0
R    192.168.50.0/24 [120/1] via 192.168.100.2, 00:00:19, Serial2/0
```

其中，"R"表示该路由是运行 RIP 协议生成的动态路由；[120/1] 中数字 120 表示管理距离，数字 1 表示路径开销度量值；RIP 协议的度量值为跳数；"via 192.168.100.2"表示下一跳 IP 地址；Serial2/0 表示出站接口，该接口为路由器 RA 本地接口。

路由器 RB 中的路由表：

```
C    192.168.50.0/24 is directly connected, FastEthernet1/0
C    192.168.100.0/24 is directly connected, Serial2/0
R    192.168.40.0/24 [120/1] via 192.168.100.1, 00:00:19, Serial2/0
```

其中,"R"表示该路由是运行 RIP 协议生成的动态路由;[120/1] 中数字 120 表示管理距离,数字 1 表示路径开销度量值,RIP 协议的度量值为跳数;"via 192.168.100.1"表示下一跳 IP 地址;Serial2/0 表示出站接口,该接口为路由器 RB 本地接口。

4.17.3　OSPF 协议

开放最短路径优先(Open Sores Path Fist,OSPF)协议是由 IETF 组织开发的开放性标准协议,它是一个基于链路状态的路由协议。路由器的链路状态,包括接口的 IP 地址和子网掩码、网络类型、该链路的开销、该链路上的所有的相邻路由器。

运行 OSPF 协议的路由器并不向邻居传递"路由项",而是通告给邻居一些链路状态,通过启用了 OSPF 协议的接口发送给其他 OSPF 协议设备,根据链路状态信息生成网络拓扑结构,每一个路由器再根据拓扑结构计算出路由,直到这个区域中的所有 OSPF 协议设备都获得了相同的链路状态信息为止。

运行该路由协议的路由器并不是简单地从相邻的路由器学习路由,而是把路由器分成区域,收集区域的所有的路由器的链路状态信息。这个区域称作为 OSPF 协议区域,如图 4-102 所示。

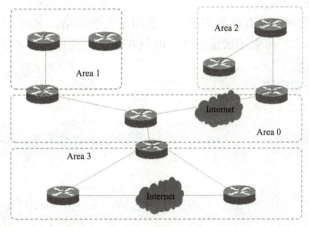

图 4-102　OSPF 协议区域结构图

一个 OSPF 协议网络可以被划分成多个区域(Area)。如果一个 OSPF 协议网络只包含一个区域,则被称为单区域 OSPF 协议网络;如果一个 OSPF 协议网络包含了多个区域,则被为多区域 OSPF 网络。

在 OSPF 协议网络中,每一个区域都有一个编号,称为区域 ID(Area ID),一般用十进制数来表示。区域 ID 为 0 的区域称为骨干区域(Backbone Area),其他区域都称为非骨干区域。在多区域 OSPF 协议网络中,除骨干区域外,还有若干个非骨干区域。非骨干区域之间的通信必须要通过骨干区域中转才能实现。OSPF 协议区域结构如图 4-102 所示。

1. OSPF 协议路由表建立过程

①刚开始工作时,通过组播用 hello 包发现相同链路状态路由协议的其他任何邻居,并建立邻接关系,建立邻居表。

②当路由器建立了邻居表后,运行 OSPF 路由协议的路由器将使用链路状态通告 LSA

互相通告自己所了解的网络拓扑，建立路由域中统一的链路状态数据库 LSDB，形成路由域的网络拓扑表。在一个区域里，所有的路由器应该形成相同的网络拓扑表。

③在运行 OSPF 路由协议的路由器中，完整的路由域网络拓扑表建立起来后，路由器将按照不同路径链路的带宽不同，使用最短路径优先算法，从网络拓扑表里计算出最佳路由，并将最佳路由记入路由表。

运行 OSPF 路由协议的路由器要求有更多的内存和更高效的处理器，以便存储邻居表、网络拓扑表等数据库和进行 SPF 运算，并生成路由表。虽然 OSPF 路由协议在开始运行时，其操作要比距离矢量路由协议复杂，OSPF 路由协议的生效可能不如距离矢量路由协议的快，但是，OSPF 路由协议一旦生成路由表，它的优势就体现出来了。

在运行 OSPF 路由协议的网络里，当网络状态比较稳定时，网络中传递的链路状态信息是比较少的。当网络拓扑发生改变时，如有新的路由器或者网段加入网络，或者网络出现故障，该变化的路由器将向其他路由器发送触发的链路状态更新包（LinkState Update，LSU）。在 LSU 中包含了关于发生变化的网段的信息——链路状态通告 LSA。接收到该更新包的路由器将继续向其他路由器发送更新，同时，根据 LSA 中的信息，在拓扑表里重新计算发生变化的网络的路由。

OSPF 路由协议对网络没有跳数限制，它适用于大型网络。另外，OSPF 路由协议并不会周期性地更新路由表，而采用增量更新，即只在路由有变化时，才会发送更新，并且只发送有变化的路由信息。

2. OSPF 协议配置步骤

①开启 OSPF 进程。

```
routerA (config) #router ospf 10 (10 代表进程编号，只具有本地意义)
```

②申请直连网段。

```
routerA (config-router) #network 192.168.100.0 0.0.0.255 area 0
```

其中，0 0.0.0.255 为反掩码，即 192.168.100.0 的子网掩码为 255.255.255.0，子网掩码按位取反得反掩码 0 0 0.0.255；area 0 为区域号。

在申明直连网段时，必须指明该网段所属区域，区域号范围是 0~65 535。区域 0 是骨干区域，在网络中，骨干区域必不可少，在配置单区域的 OSPF 协议时，区域号必须为 0。

在图 4-102 中，两个路由器运行 OSPF，生成的路由表如下所示：

路由器 RA 中的路由表：

```
C    192.168.40.0/24 is directly connected, FastEthernet1/0
O    192.168.50.0/24 [110/782] via 192.168.100.2, 00:00:54, Se-
rial2/0
C    192.168.100.0/24 is directly connected, Serial2/0
```

其中，"O"表示该路由是运行 OSPF 协议生成的动态路由；[110/782] 中数字 110 是管理距离，表示 OSPF 协议的可信度，数字 782 是路径开销度量值，表示路由的可到达性；"via 192.168.100.2"表示下一跳 IP 地址；Serial2/0 表示出站接口，该接口为路由器 RA 本地接口。

路由器 RB 中的路由表：

```
O    192.168.40.0/24 [110/782] via 192.168.100.1, 00:00:58, Se-
rial2/0
C    192.168.50.0/24 is directly connected, FastEthernet0/0
C    192.168.100.0/24 is directly connected, Serial2/0
```

其中，"O"表示该路由是运行 OSPF 协议生成的动态路由；[110/782] 中数字 110 是管理距离，表示 OSPF 协议的可信度，数字 782 是路径开销度量值，表示路由的可到达性；"via 192.168.100.1"表示下一跳 IP 地址；Serial2/0 表示出站接口，该接口为路由器 RB 本地接口。

在路由表中可以发现，不同路由协议的管理距离是不一样的。那么什么是管理距离呢？其作用是什么？

在使用路由协议时，经常会遇到这样的情况，一台路由器上可能启用了两种或者多种路由协议。由于每种路由协议计算路由的算法不一样，就可能出现不同的路由协议到达相同目的地得出不同的路径。每种路由协议都有一个规定好的用来判断路由协议优先级的值，这个值称为管理距离（AD），直通路由的管理距离是 0，RIP 协议的管理距离是 120，OSPF 协议的管理距离是 110。管理距离是 255 意味不知道、不可用。管理距离越小，这个协议的算法就越优化，它的优先级就越高。当两个以上的路由协议通过不同路径学习到远端的网络路径时，哪个协议的管理距离小，路由器就把哪个协议所学到的路径放进路由表，我们也称管理距离是指一种路由协议的路由可信度。

不同厂家的设备，路由管理距离有所不同。表 4 – 9 和表 4 – 10 给出了思科和华为路由管理距离。

表 4 – 9 思科路由管理距离表

路由来源	管理距离
直接出口	0
静态路由	1
EIGRP 汇总路由	5
外部 BGP	20
内部 EIGRP	90
IGRP	100
OSPF	110
IS – IS 自治系统	115
RIP	120
EGP 外部网关协议	140
外部 EIGRP	170
内部 BGP	200

表 4-10 华为路由协议管理距离表

协议	VRP5.x
直通路由	0*
静态路由	60
OSPF Internal	10
OSPF Inter-Area	10
OSPF External	150
ISIS L1-Internal	15
ISIS L1-External	
ISIS L2-Internal	15
ISIS L2-External	
RIP	100
EBGP	255
IBGP	255
BGP-Local	255

> **想一想**
>
> 依据网络结构和网络需求的不同，需要选择合适的动态路由协议。我们在网络管理和进行维护时，需要严格操作规范，做好需求分析，做出正确的选择。

任务实施

任务一：静态路由配置

1. 案例背景与要求

图 4-103 所示是企业网络互联拓扑图，采用静态路由技术，确保每个设备能够互相通信。

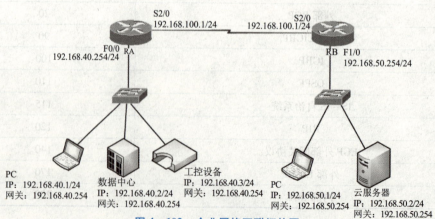

图 4-103 企业网络互联拓扑图

2. 案例配置过程

(1) 配置两台路由器的主机名和各接口 IP 地址

路由器 RA 的配置如下:

```
Router > en
Router#conf ter
Enter configuration commands, one per line.  End with CNTL/Z.
Router (config) #hostname RA
RA (config) #interface FastEthernet1/0
RA (config-if) #no shutdown
!路由器端口默认关闭,需手动打开。
RA (config-if) #ip address 192.168.40.254 255.255.255.0
!配置路由器 F1/0 接口 IP 地址。
RA (config-if) #exit
RA (config) #interface Serial2/0
RA (config-if) #no shutdown
!进入路由器串口 Serial2/0,路由器互联一般使用串口。
RA (config-if) #ip address 192.168.100.1 255.255.255.0
!配置路由器 Serial2/0 接口 IP 地址。
```

路由器 RB 的配置如下:

```
Router > en
Router#conf ter
Enter configuRBtion commands, one per line.  End with CNTL/Z.
Router (config) #hostname RB
RB (config) #interface FastEthernet0/0
RB (config-if) #no shutdown
!路由器端口默认关闭,需手动打开。
RB (config-if) #ip address 192.168.50.254 255.255.255.0
!配置路由器 F0/0 接口 IP 地址。
RB (config-if) #exit
RB (config) #interface Serial2/0
RB (config-if) #no shutdown
!进入路由器串口 Serial2/0,路由器互联一般使用串口。
RB (config-if) #ip address 192.168.100.2 255.255.255.0
!配置路由器 Serial2/0 接口 IP 地址。
```

(2) 配置路由器 RB 串口 DCE 时钟频率

路由器 RB 的配置如下:

RB(config)#interface Serial2/0RB(config-if)#clock rate 64000

！路由器互联时，选择路由器RB串口Serial2/0为DCE端，需要配置串口通信同步时钟为64 000 b/s。

！路由器RA串口Serial2/0为DTE端，不需要配置串口通信同步时钟。

（3）查看路由器路由表信息

在路由器RA上输入"show ip route"，显示如下：

```
RA#show ip route
Codes: C-connected, S-static, I-IGRP, R-RIP, M-mobile, B-BGP
    D-EIGRP, EX-EIGRP external, O-OSPF, IA-OSPF inter area
    N1-OSPF NSSA external type 1, N2-OSPF NSSA external type 2
    E1-OSPF external type 1, E2-OSPF external type 2, E-EGP
    i-IS-IS, L1-IS-IS level-1, L2-IS-IS level-2, ia-IS-IS inter area
    *-candidate default, U-per-user static route, o-ODR
    P-periodic downloaded static route

Gateway of last resort is not set

C    192.168.40.0/24 is directly connected, FastEthernet1/0
C    192.168.100.0/24 is directly connected, Serial2/0
```

！C表示该路由是直连路由，分别是F1/0和Serial2/0所在的网络，由路由器自动生成。

在路由器RB上输入"show ip route"，显示如下：

```
RBshow ip route
Codes: C-connected, S-static, I-IGRP, R-RIP, M-mobile, B-BGP
    D-EIGRP, EX-EIGRP external, O-OSPF, IA-OSPF inter area
    N1-OSPF NSSA external type 1, N2-OSPF NSSA external type 2
    E1-OSPF external type 1, E2-OSPF external type 2, E-EGP
    i-IS-IS, L1-IS-IS level-1, L2-IS-IS level-2, ia-IS-IS inter area
    *-candidate default, U-per-user static route, o-ODR
    P-periodic downloaded static route

Gateway of last resort is not set

C    192.168.50.0/24 is directly connected, FastEthernet0/0
C    192.168.100.0/24 is directly connected, Serial2/0
```

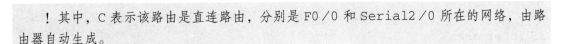

! 其中，C 表示该路由是直连路由，分别是 F0/0 和 Serial2/0 所在的网络，由路由器自动生成。

（4）在两台路由器上配置静态路由

路由器 RA 的配置如下：

RA（config）#ip route 192.168.50.0 255.255.255.0 192.168.100.2

! 在路由器 RA 上配置其到达未知网络 192.168.50.0 的静态路由，下一跳地址是路由器 RB 串口 Serial2/0 的 IP 地址。

路由器 RB 的配置如下：

RB（config）#ip route 192.168.40.0 255.255.255.0 192.168.100.1

! 在路由器 RA 上配置其到达未知网络 192.168.40.0 的静态路由，下一跳地址是路由器 RA 串口 Serial2/0 的 IP 地址。

（5）重新查看路由器路由表信息

路由器 RA 上输入"show ip route"，显示如下：

```
RA#show ip route
Codes: C - connected, S - static, I - IGRP, R - RIP, M - mobile, B - BGP
   D - EIGRP, EX - EIGRP external, O - OSPF, IA - OSPF inter area
   N1 - OSPF NSSA external type 1, N2 - OSPF NSSA external type 2
   E1 - OSPF external type 1, E2 - OSPF external type 2, E - EGP
   i - IS - IS, L1 - IS - IS level - 1, L2 - IS - IS level - 2, ia - IS - IS
inter area
       * - candidate default, U - per - user static route, o - ODR
       P - periodic downloaded static route

Gateway of last resort is not set

C    192.168.40.0/24 is directly connected, FastEthernet1/0
S    192.168.50.0/24 [1/0] via 192.168.100.2
C    192.168.100.0/24 is directly connected, Serial2/0
```

! 可以发现，有两条直通路由和一条静态路由。静态路由的管理距离是 1，下一跳地址是 192.168.100.2。

路由器 RB 上输入"show ip route"，显示如下：

```
RBshow ip route
Codes: C - connected, S - static, I - IGRP, R - RIP, M - mobile, B - BGP
    D - EIGRP, EX - EIGRP external, OvOSPF, IA - OSPF inter area
    N1 - OSPF NSSA external type 1, N2 - OSPF NSSA external type 2
    E1 - OSPF external type 1, E2 - OSPF external type 2, E - EGP
```

```
               i-IS-IS,L1-IS-IS level-1,L2-IS-IS level-2,ia-IS-
IS inter area
       *-candidate default,U-per-user static route,o-ODR
       P-periodic downloaded static route

Gateway of last resort is not set

S    192.168.40.0/24 [1/0] via 192.168.100.1
C    192.168.50.0/24 is directly connected,FastEthernet0/0
C    192.168.100.0/24 is directly connected,Serial2/0
```
！可以发现有两条直通路由和一条静态路由。静态路由的管理距离是1，下一跳地址是192.168.100.1。

3. 案例验证

(1) 分别给连接设备配置相应的 IP 地址

由于路由器属于网络层设备，不同网段设备进行通信，除了需要配置 IP 外，还需要配置网关。路由器 RA 所连设备所在网段需要与 F1/0 相同，故可以选用 192.168.40.1~192.168.40.253（192.168.40.254 已被占用），F1/0 端口 IP 作为其网关，即 192.168.40.254。路由器 RA 所连设备 IP 配置见表 4-11。

表 4-11 路由器 RA 所连设备 IP 配置表

路由器 RA 所连设备	IP 地址	网关
PC	192.168.40.1/24	192.168.40.254
数据中心	192.168.40.2/24	192.168.40.254
工控设备	192.168.40.3/24	192.168.40.254

同理，路由器 RB 所连设备 IP 配置见表 4-12。

表 4-12 路由器 RB 所连设备 IP 配置表

路由器 RB 所连设备	IP 地址	网关
PC	192.168.50.1/24	192.168.50.254
云服务器	192.168.50.2/24	192.168.50.254

(2) 测试设备的连通性

路由器 RA 所连设备 PC 能 ping 通路由器 RB 所连设备 PC：

```
PC>PING 192.168.50.1
Pinging 192.168.50.1 with 32 bytes of data:
Request timed out.
Reply from 192.168.50.1:bytes=32 time=21ms TTL=126
```

```
Reply from 192.168.50.1: bytes = 32 time = 22ms TTL = 126
Reply from 192.168.50.1: bytes = 32 time = 15ms TTL = 126
Ping statistics for 192.168.50.1:
    Packets: Sent = 4, Received = 3, Lost = 1 (25% loss),
Approximate round trip times in milli - seconds:
    Minimum = 15ms, Maximum = 22ms, Average = 19ms
! 查看结果可以发现，第一个数据包是丢失的，为什么呢？
```

路由器 RA 所连设备 PC 上通过浏览器访问云服务器。结果如图 4 – 104 所示。

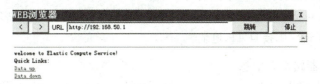

图 4 – 104　浏览器访问云服务器

任务二：RIP 路由协议配置
1. 案例背景与要求

随着企业规模不断扩大，新车间添加了部分设备，如图 4 – 105 所示。为了更好地实现设备通信，现需删除原有静态路由信息，采用 RIP 路由协议。

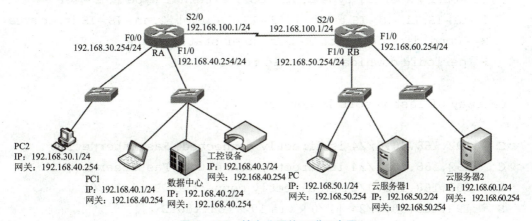

图 4 – 105　某企业网络互联示意图

2. 案例配置过程

（1）添加两台路由器上新增的接口 IP 地址

路由器 RA 的配置如下：

```
Router > en
Router#conf ter
RA (config) #interface FastEthernet0/0
RA (config - if) #no shutdown
```

! 路由器端口默认关闭，需手动打开。
RA（config-if）#ip address 192.168.30.254 255.255.255.0
! 配置路由器 F0/0 接口 IP 地址。

路由器 RB 的配置如下：

Router＞en
Router#conf ter
RB（config）#interface FastEthernet1/0
RB（config-if）#no shutdown
! 路由器端口默认关闭，需手动打开。
RB（config-if）#ip address 192.168.60.254 255.255.255.0
! 配置路由器 F1/0 接口 IP 地址。

(2) 查看路由器路由表信息

在路由器 RA 上输入"show ip route"，显示如下：

```
RA#show ip route
Codes: C-connected, S-static, I-IGRP, R-RIP, M-mobile, B-BGP
    D-EIGRP, EX-EIGRP external, O-OSPF, IA-OSPF inter area
    N1-OSPF NSSA external type 1, N2-OSPF NSSA external type 2
    E1-OSPF external type 1, E2-OSPF external type 2, E-EGP
    i-IS-IS, L1-IS-IS level-1, L2-IS-IS level-2, ia-IS-IS inter area
    *-candidate default, U-per-user static route, o-ODR
    P-periodic downloaded static route

Gateway of last resort is not set

C    192.168.40.0/24 is directly connected, FastEthernet1/0
C    192.168.30.0/24 is directly connected, FastEthernet0/0
C    192.168.100.0/24 is directly connected, Serial2/0
S    192.168.50.0/24 [1/0] via 192.168.100.2
```

! 可以发现有三条直通路由，分别是 F1/0、F0/0 和 Serial2/0 所在的网络，以及一条静态路由。静态路由的管理距离是 1，下一跳地址是 192.168.100.2。

在路由器 RB 上输入"show ip route"，显示如下：

```
RBshow ip route
Codes: C-connected, S-static, I-IGRP, R-RIP, M-mobile, B-BGP
    D-EIGRP, EX-EIGRP external, O-OSPF, IA-OSPF inter area
    N1-OSPF NSSA external type 1, N2-OSPF NSSA external type 2
```

    E1 - OSPF external type 1, E2 - OSPF external type 2, E - EGP
    i - IS - IS, L1 - IS - IS level - 1, L2 - IS - IS level - 2, ia - IS - IS inter area
    * - candidate default, U - per - user static route, o - ODR
    P - periodic downloaded static route

Gateway of last resort is not set

C   192.168.50.0/24 is directly connected, FastEthernet0/0
C   192.168.60.0/24 is directly connected, FastEthernet1/0
C   192.168.100.0/24 is directly connected, Serial2/0
S   192.168.40.0/24 [1/0] via 192.168.100.1

! 可以发现有三条直通路由，分别是 F0/0、F1/0 和 Serial2/0 所在的网络，由路由器自动生成；一条静态路由。静态路由的管理距离是 1，下一跳地址是 192.168.100.1。

（3）删除两台路由器上配置的静态路由信息
路由器 RA 的配置如下：

RA (config) #no ip route 192.168.50.0 255.255.255.0 192.168.100.2
! 在静态路由命令前面添加"no"，可以删除原先添加的静态路由信息

路由器 RB 的配置如下：

RB (config) #no ip route 192.168.40.0 255.255.255.0 192.168.100.1

（4）重新查看路由器路由表信息
在路由器 RA 上输入"show ip route"，显示如下：

RA#show ip route
Codes: C - connected, S - static, I - IGRP, R - RIP, M - mobile, B - BGP
    D - EIGRP, EX - EIGRP external, O - OSPF, IA - OSPF inter area
    N1 - OSPF NSSA external type 1, N2 - OSPF NSSA external type 2
    E1 - OSPF external type 1, E2 - OSPF external type 2, E - EGP
    i - IS - IS, L1 - IS - IS level - 1, L2 - IS - IS level - 2, ia - IS - IS inter area
    * - candidate default, U - per - user static route, o - ODR
    P - periodic downloaded static route

Gateway of last resort is not set
C   192.168.40.0/24 is directly connected, FastEthernet1/0
C   192.168.30.0/24 is directly connected, FastEthernet0/0
C   192.168.100.0/24 is directly connected, Serial2/0
! 删除静态路由信息后，只剩三条直通路由。

在路由器 RB 上输入 "show ip route", 显示如下:

```
RBshow ip route
Codes: C-connected, S-static, I-IGRP, R-RIP, M-mobile, B-BGP
   D-EIGRP, EX-EIGRP external, O-OSPF, IA-OSPF inter area
   N1-OSPF NSSA external type 1, N2-OSPF NSSA external type 2
   E1-OSPF external type 1, E2-OSPF external type 2, E-EGP
   i-IS-IS, L1-IS-IS level-1, L2-IS-IS level-2, ia-IS-IS inter area
   *-candidate default, U-per-user static route, o-ODR
   P-periodic downloaded static route

Gateway of last resort is not set

C   192.168.50.0/24 is directly connected, FastEthernet0/0
C   192.168.60.0/24 is directly connected, FastEthernet1/0
C   192.168.100.0/24 is directly connected, Serial2/0
! 删除静态路由信息后,只剩三条直通路由。
```

(5) 在两台路由器上配置 RIP 路由协议

路由器 RA 的配置如下:

```
RA (config) #router rip
! 申请路由器 RA 运行 RIP 路由协议。
RA (config-router) #network 192.168.100.0
RA (config-router) #network 192.168.40.0
RA (config-router) #network 192.168.30.0
! 申请与路由器 RA 直接相连的三个网段。
```

路由器 RB 的配置如下:

```
RB (config) #router rip
! 申请路由器 RB 运行 RIP 路由协议。
RB (config-router) #network 192.168.100.0
RB (config-router) #network 192.168.50.0
RB (config-router) #network 192.168.60.0
! 申请与路由器 RB 直接相连的三个网段。
```

(6) 重新查看路由器路由表信息

在路由器 RA 上输入 "show ip route", 显示如下:

```
RA#show ip route
Codes: C-connected, S-static, I-IGRP, R-RIP, M-mobile, B-BGP
   D-EIGRP, EX-EIGRP external, O-OSPF, IA-OSPF inter area
```

```
      N1 - OSPF NSSA external type 1, N2 - OSPF NSSA external type 2
      E1 - OSPF external type 1, E2 - OSPF external type 2, E - EGP
      i - IS - IS, L1 - IS - IS level -1, L2 - IS - IS level -2, ia - IS - IS inter area
      * - candidate default, U - per - user static route, o - ODR
      P - periodic downloaded static route

Gateway of last resort is not set

   C    192.168.40.0/24 is directly connected, FastEthernet1/0
   C    192.168.30.0/24 is directly connected, FastEthernet0/0
   C    192.168.100.0/24 is directly connected, Serial2/0
   R    192.168.50.0/24 [120/1] via 192.168.100.2, 00:00:19, Serial2/0
   R    192.168.60.0/24 [120/1] via 192.168.100.2, 00:00:19, Serial2/0
```

! 可以发现有三条直通路由，分别是 F0/0、F1/0 和 Serial2/0 所在的网络，由路由器自动生成；两条 RIP 动态路由，管理距离为 120，跳数为 1。

在路由器 RB 上输入 "show ip route"，显示如下：

```
RBshow ip route
Codes: C - connected, S - static, I - IGRP, R - RIP, M - mobile, B - BGP
       D - EIGRP, EX - EIGRP external, O - OSPF, IA - OSPF inter area
       N1 - OSPF NSSA external type 1, N2 - OSPF NSSA external type 2
       E1 - OSPF external type 1, E2 - OSPF external type 2, E - EGP
       i - IS - IS, L1 - IS - IS level -1, L2 - IS - IS level -2, ia - IS - IS inter area
       * - candidate default, U - per - user static route, o - ODR
       P - periodic downloaded static route

Gateway of last resort is not set

   C    192.168.50.0/24 is directly connected, FastEthernet0/0
   C    192.168.60.0/24 is directly connected, FastEthernet1/0
   C    192.168.100.0/24 is directly connected, Serial2/0
   R    192.168.30.0/24 [120/1] via 192.168.100.1, 00:00:24, Serial2/0
   R    192.168.40.0/24 [120/1] via 192.168.100.1, 00:00:24, Serial2/0
```

! 可以发现有三条直通路由，分别是 F0/0、F1/0 和 Serial2/0 所在的网络，由路由器自动生成；两条 RIP 动态路由，管理距离为 120，跳数为 1。

3. 案例验证

① 分别给连接设备配置相应的 IP 地址。经过测试，所有设备能够互相访问。
② 用 debug 命令观察路由器接收和发送路由器更新情况。

在路由器 RA 上输入"debug ip rip",显示如下:

```
RA#debug ip rip
RIP protocol debugging is on
Router#RIP: received v1 update from 192.168.100.2 on Serial2/0
      192.168.50.0 in 1 hops
      192.168.60.0 in 1 hops
RIP: sending  v1 update to 255.255.255.255 via Serial2/0 (192.168.100.1)
RIP: build update entries
      network 192.168.30.0 metric 1
      network 192.168.40.0 metric 1
RIP: sending  v1 update to 255.255.255.255 via FastEthernet1/0 (192.168.30.254)
RIP: build update entries
      network 192.168.40.0 metric 1
      network 192.168.50.0 metric 2
      network 192.168.60.0 metric 2
      network 192.168.100.0 metric 1
RIP: sending  v1 update to 255.255.255.255 via FastEthernet0/0 (192.168.40.254)
RIP: build update entries
      network 192.168.30.0 metric 1
      network 192.168.50.0 metric 2
      network 192.168.60.0 metric 2
      network 192.168.100.0 metric 1
```

! 路由器 RA 只能通过 Serial2/0 端口接收到路由器 RB 的路由更新信息(192.168.50.0、192.168.60.0),从 Serial2/0、F1/0、F0/0 组播路由更新信息。

在路由器 RA 上输入"debug ip rip",显示如下:

```
Router#debug ip rip
RIP protocol debugging is on
      192.168.30.0 in 1 hops
      192.168.40.0 in 1 hops
RIP: sending  v1 update to 255.255.255.255 via Serial2/0 (192.168.100.2)
RIP: build update entries
      network 192.168.50.0 metric 1
      network 192.168.60.0 metric 1
```

```
    RIP: sending   v1 update to 255.255.255.255 via FastEthernet0/0
(192.168.50.254)
    RIP: build update entries
        network 192.168.30.0 metric 2
        network 192.168.40.0 metric 2
        network 192.168.60.0 metric 1
        network 192.168.100.0 metric 1
    RIP: sending   v1 update to 255.255.255.255 via FastEthernet1/0
(192.168.60.254)
    RIP: build update entries
        network 192.168.30.0 metric 2
        network 192.168.40.0 metric 2
        network 192.168.50.0 metric 1
        network 192.168.100.0 metric 1
```

小试牛刀

一个中小型企业网络由三个路由器和四个交换机组成。网络拓扑、IP 地址如图 4-106 所示,采用静态路由技术使所有设备能够互相访问。

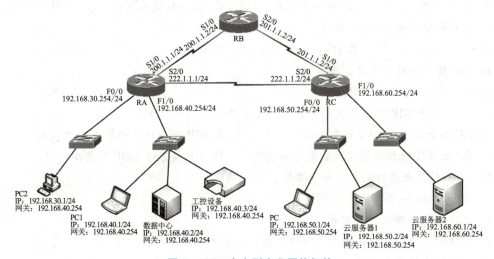

图 4-106 中小型企业网络拓扑

大显身手

一、选择题

1. 以下关于路由的描述中,不正确的是( )。
   A. 路由就是到达目标地址的路径
   B. 在路由器中维护着一张路由表

C. 路由器的路由表可通过路由协议动态建立，也可以手工静态指定

D. 一个路由器根据需要可添加多个默认路由

2. 以下对路由的描述中，不正确的是（   ）。

A. 路由目的地可以是主机或子网

B. 目的地所在网络与路由器直接相连的路由称为直接路由

C. 指定具体路由时，完全用接口来代替下一跳地址

D. 路由器转发数据包的主要依据是目的地址和下一跳

3. RIP 协议是基于（   ）协议实现的。

A. UDP　　　　　　B. TCP　　　　　　C. ICMP　　　　　　D. IP

4. RIP 协议的路由项如果在（   ）时间内没有更新，则会变为不可达。

A. 90 s　　　　　　B. 120 s　　　　　　C. 180 s　　　　　　D. 240 s

5. 以下不属于动态路由协议的是（   ）。

A. RIP　　　　　　B. ICMP　　　　　　C. IGRP　　　　　　D. OSPF

6. 以下是基于链路状态算法的动态路由协议的是（   ）。

A. RIP　　　　　　B. ICMP　　　　　　C. IGRP　　　　　　D. OSPF

7. 以下协议中，基于距离向量算法的路由协议的是（   ）。

A. RIP　　　　　　B. OSPF　　　　　　C. IP　　　　　　　D. BGP

8. RIP 协议适用于基于 IP 的（   ）。

A. 大型网络　　　　B. 中小型网络　　　　C. 更大规模的网络　　D. ISP 与 ISP 之间

9. 在 RIP 协议中，metric 等于（   ）为不可达。

A. 8　　　　　　　B. 10　　　　　　　C. 15　　　　　　　D. 16

10. RIP 协议的默认管理距离是（   ）。

A. 90　　　　　　　B. 100　　　　　　　C. 110　　　　　　　D. 120

11. 以下关于 RIP 路由协议的说法中，不正确的是（   ）。

A. RIP 路由报文每 30 s 更新一次　　　　B. RIP 是一种外部网关路由协议

C. RIP 对路径的判断是以跳数最小者优先　　D. RIP 是基于 UDP 的路由协议

12. 以下对路由器的配置途径的描述，不正确的是（   ）。

A. 通过 Console 端口接终端配置

B. 通过 Telnet 登录进行配置

C. 在 AUX 口接 Modem 和电话网络，在远端配置

D. 通过路由器的以太网端口，通过超级终端登录配置

13. 以下选项中，属于路由选择协议的有（   ）。（多选）

A. IP　　　　　　　B. RIP　　　　　　　C. OSPF　　　　　　D. BGP

14. 以下关于 RIP 协议的描述中，正确的是（   ）。（多选）

A. RIP 是一种路由协议　　　　　　　B. RIP 协议仅适用于小型网络

C. RIP 采用基于距离向量的算法　　　　D. RIP 协议都不支持变长子网掩码

15. 以下选项中，属于路由器具备的功能的是（   ）。（多选）

A. 路由选择　　　　B. 广播隔离　　　　C. 网络地址转换　　D. IP 数据包过滤

二、简答题

1. 简述交换机与路由器的区别。

_____
_____

2. 简述静态路由、动态路由的区别。什么是直通路由?

_____
_____

3. 分析下列路由信息的内容:

```
O200.10.10.7.0/24 [110/782] via 192.168.100.2,00:00:54,Serial0/0
S   192.168.70.0/24 [1/0] via 192.168.100.1
C   192.168.50.0/24 is directly connected,FastEthernet1/0
R   192.168.40.0/24 [120/1] via212.34.17.251,00:00:24,Serial2/0
```

_____
_____

任务 6　WLAN 网络组建实践

学习目标

知识目标	能力目标	素质目标
◇ 了解 WLAN 无线网络的基础知识 ◇ 熟悉 WLAN 无线网络组网设备 ◇ 理解常见 WLAN 组网方式	◇ 能够掌握 WLAN 网络设计原则 ◇ 掌握 WLAN 无线网络配置方法	◇ 网络安全规范意识

任务分析

某省国脉通集团公司,为了提升生产产值,新开发了"商品纯净水销售管理系统",面向整个市的 80 万用户。国脉通集团公司在总部的三楼成立了"国脉通商品纯净水事业部",分为经理办、业务部、服务中心 3 个部门。经理办 1 台计算机、业务部 10 台计算机、服务中心 2 台计算机。但此建筑不适合有线网络的搭建,只能采用无线网络组网。

通过本任务的学习,应理解无线网络的组成、无线网络体系结构、无线网络常见的组网模式和如何提高无线网络的安全性,并通过无线路由器的设置和 Cisco 模拟器中无线网络的搭建,在实践中提升自己的无线组网和网络安全防范专业能力。

知识精讲

4.18 无线网络概述

所谓无线,就是利用无线电波作为信息的传导。就应用层面来讲,它与有线网络的用途完全相似,两者最大不同的地方是传输媒介不同。除此之外,正因它是无线,因此,无论是在硬件架设还是使用的机动性方面,都比有线网络有优势许多。

无线局域网(Wireless Local-Area Network,WLAN)是利用无线通信技术在一定的局部范围内建立的网络,是计算机网络与无线通信技术相结合的产物。它以无线多址信道作为传输媒介,提供传统有线局域网的功能,能够使用户真正实现随时、随地、随意的宽带网络接入。它的特点如下:

①安装便捷,维护方便。
②使用灵活,移动简单。
③经济节约,性价比高。
④易于扩展,大小自如。

4.18.1 无线局域网的拓扑结构

基于 IEEE 802.11 标准的无线局域网允许在局域网络环境中使用可以不必授权的 ISM 频段中的 2.4 GHz 或 5 GHz 射频波段进行无线连接。它们被广泛应用,从家庭到企业再到 Internet 接入热点。

无线网络概述

1. 无线桥接

当有线连接以太网或者需要为有线连接建立第二条冗余连接以作备份时,无线桥接允许在建筑物之间进行无线连接。802.11 设备通常用来进行这项应用,以无线光纤桥形式完成。802.11 基本解决方案一般更便宜,并且不需要在天线之间有直视性,但是比光纤解决方案要慢很多。802.11 解决方案通常在 5~30 Mb/s 范围内操作,而光纤解决方案在 100~1 000 Mb/s 范围内操作。这两种桥接操作距离可以超过 10 英里,基于 802.11 的解决方案可达到这个距离,而且它不需要线缆连接。但基于 802.11 的解决方案的缺点是速度慢和存在干扰,而光纤解决方案不会。光纤解决方案的缺点是价格高及两个地点间不具有直视性,如图 4-107 所示。

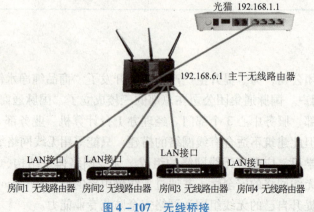

图 4-107 无线桥接

2. 中型 WLAN

中等规模的企业传统上使用一个简单的设计，它们简单地向所有需要无线覆盖的设施提供多个接入点。这个特殊的方法可能是最通用的，因为它入口成本低，尽管一旦接入点的数量超过一定限度，它就变得难以管理。大多数这类无线局域网允许用户在接入点之间漫游，因为它们配置在相同的以太子网和 SSID 中。从管理的角度看，每个接入点及连接到它的接口都被分开管理。在更高级的支持多个虚拟 SSID 的操作中，VLAN 通道被用来连接访问点到多个子网，但需要以太网连接具有可管理的交换端口。这种情况中的交换机需要进行配置，以在单一端口上支持多个 VLAN，如图 4-108 所示。

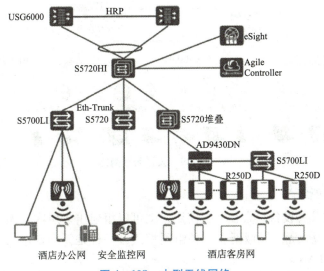

图 4-108　中型无线网络

3. 大型 WLAN

交换无线局域网是无线连网最新的形式，简化的接入点通过几个中心化的无线控制器进行控制。数据通过 Cisco、ArubaNetworks、Symbol 和 TrapezeNetworks 这样的制造商的中心化无线控制器进行传输和管理。这种情况下的接入点具有更简单的设计，用来简化复杂的操作系统，而且更复杂的逻辑被嵌入无线控制器中。接入点通常没有物理连接到无线控制器，但是它们逻辑上通过无线控制器交换和路由。从管理的角度来看，管理员只需要管理可以轮流控制数百接入点的无线局域网控制器。这些接入点可以使用某些自定义的 DHCP 属性来判断无线控制器在哪里，并且自动连接到它，成为控制器的一个扩充。这极大地改善了交换无线局域网的可伸缩性，因为额外接入点本质上是即插即用的。要支持多个 VLAN，接入点在它连接的交换机上不再需要一个特殊的 VLAN 隧道端口，并且可以使用任何交换机甚至易于管理的集线器上的任何老式接入端口。VLAN 数据被封装并发送到中央无线控制器，它处理到核心网络交换机的单一高速多 VLAN 连接。安全管理也被加固了，因为所有访问控制和认证在中心化控制器中进行处理，而不是在每个接入点上。

交换无线局域网的另一个好处是低延迟漫游。这允许 VoIP 和 Citrix 这样的对延迟敏感的应用。切换时间会发生在通常不明显的大约 50 ms 内。传统的每个接入点被独立配置的无线局域网有 1 000 ms 范围内的切换时间，这会破坏电话呼叫并丢弃无线设备上的应用会话。交换无线局域网的主要缺点是由于无线控制器的附加费用而导致的额外成本。但是在大型无线局域网配置中,这些附加成本很容易被易管理性所抵消。如图 4-109 所示。

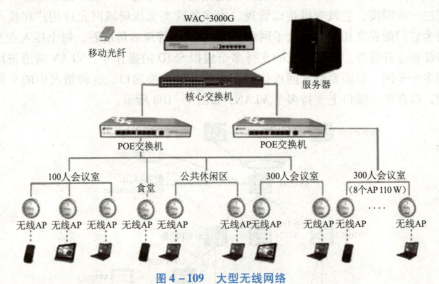

图 4-109　大型无线网络

4.18.2　组网模式

将 WLAN 中的几种设备结合在一起使用,就可以组建出多层次、无线和有线并存的计算机网络。一般来说,无线局域网有两种组网模式:一种是无固定基站的 WLAN,另一种是有固定基站的 WLAN。

1. 无固定基站的 WLAN

无固定基站的 WLAN 也被称为无线对等网,是最简单的一种无线局域网结构。这种无固定基站的 WLAN 结构是一种无中心的拓扑结构,通过网络连接的各个设备之间的通信关系是平等的,但仅适用于较少数的计算机无线连接方式(通常是 5 台主机或设备之内)。

这种组网模式不需要固定的设施,只需要在每台计算机中安装无线网卡就可以实现,因此非常适用于一些临时网络的组建,如图 4-110 所示。

图 4-110　无固定基站的 WLAN

2. 有固定基站的 WLAN

当网络中的计算机用户到达一定数量时,或者是当需要建立一个稳定的无线网络平台时,一般会采用以 AP 为中心的组网模式。

以 AP 为中心的组网模式也是无线局域网最为普遍的一种组网模式，在这种模式中，需要有一个 AP 充当中心站，所有站点对网络的访问都受该中心的控制，如图 4-111 所示。

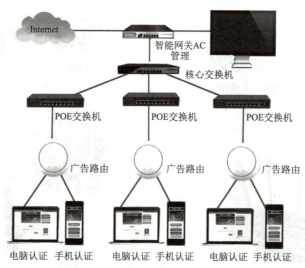

图 4-111　有固定基站的 WLAN

4.19　无线网络设备

4.19.1　无线局域网的主要设备

无线局域网中经常使用的设备主要有无线网卡、无线接入器（Access Point，AP）、无线路由器、无线天线，如图 4-112～图 4-115 所示。

1. 无线网卡

无线网卡安装在计算机上，用于计算机之间或计算机与 AP、无线路由器之间的无线连接。

2. 无线 AP

AP 是 Access Point 的简称，无线 AP 就是无线局域网的接入点、无线网关，它的作用类似于有线网络中的集线器。

3. 无线路由器

类似于宽带路由器，除可用于连接无线网卡外，还可直接实现无线局域网的 Internet 连接共享。

无线路由器（Wireless Router）就是带有无线覆盖功能的路由器，它主要应用于用户上网和无线覆盖。无线路由器是将单纯性无线接入器和宽带路由器合二为一的扩展型产品，它不仅具备单纯性无线接入器所有功能（如支持 DHCP 客户端、支持 VPN、防火墙、支持 WEP 加密等），还包括了网络地址转换（NAT）功能，可支持局域网用户的网络连接共享；可实现无线局域网中的 Internet 连接共享，实现小区宽带的无线共享接入。

图 4-112 无线网卡　　图 4-113 无线 AP

图 4-114 无线路由器　　图 4-115 天线

4. 无线天线

当无线网络中各网络设备相距较远时，随着信号的减弱，传输速率会明显下降以致无法实现无线网络的正常通信，此时就要借助于无线天线对所接收或发送的信号进行增强。

4.19.2 无线局域网的设备选型原则

①是选择 AP 设备还是无线网桥。如果是小范围内的集中方式组网，则要选择 AP 设备；如果范围较大（覆盖两个或多个建筑物），而且涉及点到多点的分布式连接，则应该选择无线网桥。

②考察设备的传输距离的限制。

③考察设备的传输速率。

④考察设备的 MAC 技术、物理编码方式及安全加密认证等标准。

4.20 无线网络部署

1. 网络物理架构及实施策略

（1）无线网卡安装及驱动（若计算机有无线网卡，则可忽略）

首先将 USB 无线网卡接入计算机空闲的 USB 接口中，然后将 USB 无线网卡的驱动程序放入光驱，系统将自动运行此安装程序。根据屏幕提示，可完成无线网卡的安装与驱动。

（2）无线路由器的安装

用无线路由器自带 Cable 将无线路由的 WAN 口与 Modem（或光猫）的 Ethernet 端口相连，如图 4-116 所示。

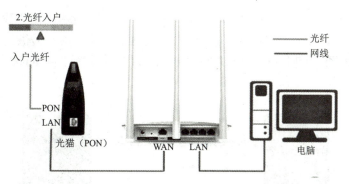

图 4-116　宽带猫与路由器连接图

2. 关键技术实现

第一次连接该设备时,需要通过有线的方式完成。在连接之前,需要了解该无线路由器的管理 IP 地址,该地址可以通过查看设备说明书获得。本方案使用的 D-LINK DI-524M 默认管理 IP 地址为 192.168.0.1。硬件设备连接如图 4-117 所示。

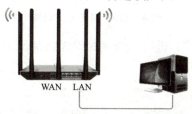

图 4-117　计算机与路由器连接图

第一步:将计算机的 IP 地址设置为 192.168.0.2,子网掩码是 255.255.255.0,网关填写为 192.168.0.1。

第二步:打开 IE 浏览器,在地址栏处输入 http:∥192.168.0.1 后按 Enter 键,将出现路由器的管理界面,要求输入用户名和密码。默认情况下用户名为 admin,密码也是 admin。进入路由器的配置界面(图 4-118)。设置完毕后,一定要更改默认密码,否则安全就没有了保证。

图 4-118　路由器管理主界面

第三步:进入管理界面后,有一个非常方便的办法来配置基本无线参数等情况。在左边单击"设置向导"选项,选择"手工配置",如图4-119所示。在"我的连接"处选择虚拟拨号PPPOE(Username/Password);在"输入网络服务提供商提供给您的信息"处输入电信给你的上网账号和上网口令,并在"联机方式"处选择"自动联机"。

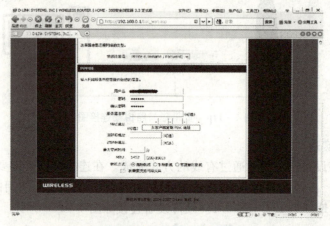

图4-119 拨号方式设置

第四步:选择"无线设置",进行无线网络、无线加密方式、WPA2设置,如图4-120所示。

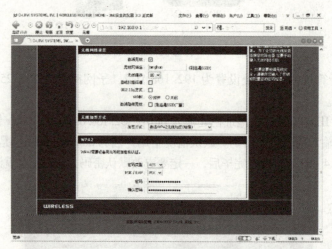

图4-120 无线网络安全参数设置

一定要将"激活无线"状态处从"关闭"转换为"开启",这样才能使用无线路由器的无线功能,否则将和一个普通的宽带路由器没有任何区别。"无线网络名"即SSID。所谓SSID,就是指无线网络的名称,无线网卡也是通过不同SSID来区分不同无线网络和不同无线路由器的,有点儿类似于有线网中的工作组,只有连接到同一个工作组(SSID)的计算机才能互相访问。

虽然通过上面的方法建立了无线网络,不过这个网络是不安全的,存在一定的风险。要保证网络不被非法用户入侵,还需要对无线路由器进行相应的安全设置、加密设置。

设置自己的加密密码,也就是密钥。将密钥类型选择为AES,PAK/EAP选择为PAK,密码、确认密码设置为大于十位即可。保存后退出即可生效。

第五步:将计算机设置成如图4-121所示形式。

图 4-121　无线（TCP/IP）协议配置

第六步：在自己的计算机上通过"开始"→"控制面板"→"无线网络安装向导"来完成对加密无线网络的访问，如图 4-122 所示。此处的无线网络名和网络密钥应与在无线路由器中设置的一致。

图 4-122　无线网络安装

至此，就完成了对无线网络的设计，在实际使用中，只有知道了这个 WEP 加密密钥的用户才可以访问无线网络，其他非法用户都无法正常连接，从而确保了自己的网络只能自己用，避免了其他用户的非法入侵。

连接后，任务栏上的无线小电脑就不再是红色叉了。连接成功后，将显示信号强度级别、连接速度与状态情况，如图 4-123 所示。

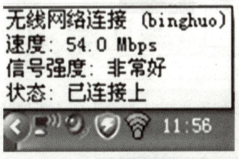

图 4-123　无线网络连接状态

无线局域网提供了使用无线多址信道的一种有效方法来支持计算机之间的通信，并为通信的移动化、个人化和多媒体应用提供了潜在的手段。

任务实施

本任务需要理解无线局域网的组建，掌握利用无线宽带路由器连接三台无线 PC 和一台有线 PC 的方法。网络拓扑图如图 4-124 所示。

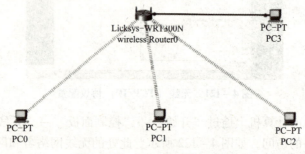

图 4-124　WLAN 无线拓扑图

小试牛刀

请参考给定的案例，完成无线网络的配置。在思科模拟器中，终端设备默认只能有一个网卡（有线或无线）。

操作步骤：

1. 将 PC 默认的有线网卡更换为无线网卡

单击"PC"→"Physical"，设备断电（图 4-125），取下有线网卡（图 4-126），选择无线网卡型号，拖曳添加选好的无线网卡（图 4-127），设备加电（图 4-128）。

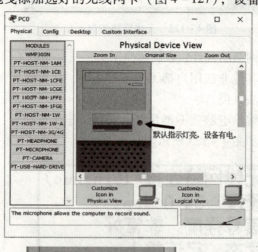

图 4-125　设备断电

项目四　工业网络组建

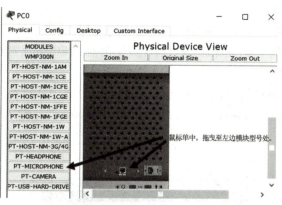

图 4－126　取下有线网卡

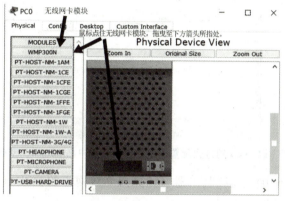

图 4－127　无线网卡选择及安装

图 4－128　加电

2. 实例拓扑图说明

Packet Tracer 中无线设备是 WRT300N 无线路由器；PC0、PC1 和 PC2 以无线方式与 WRT300N 相连；PC3 的 FastEthernet 端口与无线路由器的 Ethernet 端口相连。

3. 配置 WRT300N

①配置 PC3 的 IP 地址与 WRT300N（默认 IP：192.168.0.1）在同一网段。

②双击 PC3，切换到"Desktop"选项卡→"Web Brower"，键入"http:∥192.168.0.1"，如图 4-129 所示。

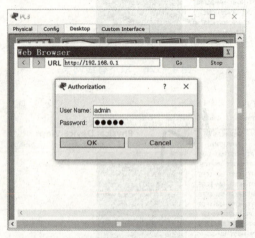

图 4-129　以 Web 的方式配置 WRT300N（用户名 admin、密码 admin）

③配置 WLAN 的 SSID，无线路由器与计算机无线网卡的 SSID（以学号后 5 位加"x"命名）相同，如图 4-130 所示。

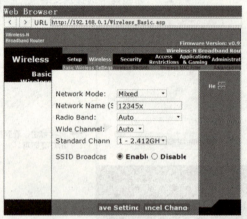

图 4-130　配置 WLAN 的 SSID

④无线网络的安全配置如图 4-131 所示。

图 4-131　无线网络的安全配置

4. 对 PC0、PC1 和 PC2 进行配置

PC0 的配置如下：

①关闭 PC0 主机的开关，移除有线网卡，并把无线网卡 Linksys – WNP300N 拖入主机最下方的槽内，开机，如图 4 – 132 所示。

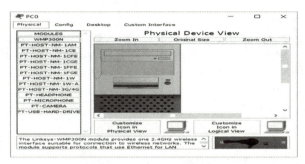

图 4 – 132　安装无线网卡

②在"Config"选项卡处，将 SSID 改为"12345x"，如图 4 – 133 所示。

图 4 – 133　无线网络配置

③配置后的效果如图 4 – 134 所示。

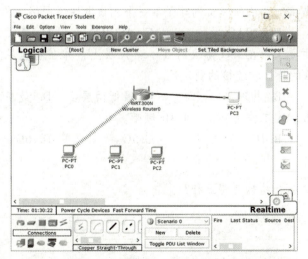

图 4 – 134　PC0 与 WRT300N 连通

5. 测试连通性

最终效果如图 4-135 所示。

请参照 PC0 的配置步骤完成 PC1、PC2 的配置，利用 ping 命令查看整体网络中所有机器是否已经连通成功。

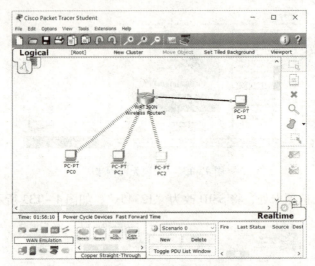

图 4-135 无线网络连通状态

大显身手

一、选择题（单选）

1. 下列属于无线局域网的传输介质的是（　　）。
   A. 双绞线　　　　B. 铜轴电缆　　　　C. 光纤　　　　D. 无线电波
2. 无线网历史起源可以追溯到 20 世纪（　　）年代。
   A. 40　　　　　　B. 50　　　　　　　C. 60　　　　　D. 70
3. 1971 年，夏威夷大学的研究员创建了第一个无线电通信网络，称作（　　）。
   A. ALOHNET　　　B. ENIAC　　　　　C. ASCII　　　　D. MAC
4. 802.11 协议主要工作在 ISO 协议的（　　）层上，并在物理层上进行了一些改动，加入了高速数字传输的特性和连接的稳定性。
   A. 数据链路层　　B. 物理层　　　　　C. 最低两层　　　D. 最高两层
5. IEEE 802.11b 标准工作于（　　）Hz 频带。
   A. 2.4G　　　　　B. 4G　　　　　　　C. 5G　　　　　　D. 6G

二、问答题

1. 无线局域网的拓扑结构有哪三种？

2. SSID 表示的是什么?

3. 无线局域网的设备选型原则是什么?

4. 登录无线局域网时需要输入密码,如何修改配置?

项目五

工业网络维护

项目引入

工业网络维护是一种日常维护,包括工业网络设备管理(如计算机、服务器、工业器)、操作系统维护(系统打补丁、系统升级)、网络安全(病毒防范)等。

在网络正常运行的情况下,对工业网络基础设施的管理主要包括:确保网络传输的正常掌握工业网络中心或者网络主干设备的配置及配置参数变更情况,备份各个设备的配置文件

知识图谱

项目五知识图谱如图 5-1 所示。

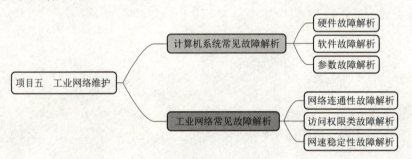

图 5-1 项目五知识图谱

任务 1 计算机系统常见故障解析

学习目标

知识目标	能力目标	素质目标
◇ 了解工业网络维护的概述 ◇ 理解计算机系统常见的故障及分析	◇ 能够认识工业网络维护的重要性 ◇ 能够对常见的系统故障熟悉定位并解决问题	◇ 培养学生独立解决问题的能力 ◇ 培养学生精益求精的职业精神

在使用此方法时，难点在于尽可能地选取同类型号的元件进行替换。

3. 比较法

当某些疑似故障元件不能进行替换故障排查时，例如，元件拆卸困难或极容易造成损害的，则选取一台正常运转的同类型号电脑，然后进行对比测试，即测试两台电脑的同样部位，然后检查测试结果，如果相近，则无故障，如果偏差较大，则为出现故障点。

4. 软件法

软件法属于最简易的方法，此类方法主要采取的是第三方软件进行检测，不需要进行电脑拆卸，只需要利用电脑系统中的自检系统、提前安装的检测系统，以及其他故障排除软件直接进行系统故障排查，但是运行此类方法的前提是系统可正常开启且存在基本功能。

5. 电压测量法

电压测量法的主要工具为万用表，当计算机运转正常时，各元件均存在电阻，通过电流导通之后，会形成电压降，各点之间的电压高低均为固定值或在一定范围内波动，因此可以利用此类方法进行故障排除。通过万用表的电压挡进行元件间的电压测试，同时查找计算机内部的元件电压降参考值，如果检测结果与参考值之间差值较大，则为故障点，如果在系统允许误差范围内，则说明系统正常，可进行其他故障源排除工作。

小试牛刀

针对本节的学习内容，请同学思考下面三个问题：

①结合本节内容，请自行查阅网络和书籍资料，分析计算机系统除了以上描述的类型外，还有哪些故障类型值得我们关注。

②列举几个使用电压测量法解决故障的事例。

③通过本节的学习，你觉得在软件故障里，病毒故障除了使用传统的杀毒软件外，还有什么其他行之有效的方法。

大显身手

一、选择题

1. 以下故障类型不属于元器件故障的是（　　）。

A. 二极管　　　　　B. 三极管　　　　　C. 电感　　　　　D. 电流

2. 操作系统出现垃圾弹窗广告，属于（　　）。

A. 人为故障　　　　B. 程序故障　　　　C. 病毒故障　　　D. 系统故障

3. 一台微机配有 64 MB 内存、2 GB 硬盘，开机自检时，出现故障中断，屏幕提示存储器校验错误。判断可能的故障原因是（　　）。(多选)

A. 存储器容量太小　　　　　　　　　B. CMOS RAM 设置有误

C. 使用了 EDO 内存　　　　　　　　D. 内存条局部损坏

4. 两台计算机共用一台 UPS，其中一台处于工作状态，如果打开另一台的显示器，就会造成系统掉电,则故障最可能发生在(　　)。

　　A. 显示器　　　　　　B. 硬盘　　　　　　C. 计算机电源　　　D. UPS

5. 某主机与显示器正确连接,最近经常发生显示屏图像呈斜横线状现象,刚开机时尤甚,几分钟后稳定,则最常见的原因是(　　)。

　　A. 显示卡插接不良　　　　　　　　　　B. 显示驱动程序出错

　　C. 主机故障　　　　　　　　　　　　　D. 显示器同步不良

二、问答题

1. 以自己个人 PC 为例,列举计算机系统硬件故障的种类。

　

　

　

2. 请分析工业网络中某台服务器不能够连接网络的故障类型判断过程。

　

　

　

　

任务 2　工业网络常见故障解析

学习目标

知识目标	能力目标	素质目标
◇了解工业网络常见的故障类型 ◇了解网络连通性故障解析 ◇了解访问权限类故障解析 ◇了解网速稳定性故障解析	◇能够认识工业网络常见的故障类型 ◇掌握常见的网络故障类型的解析办法	◇倡导以身作则,严格地坚守职业操守,保障工业网络稳定性

任务分析

　　工业网络的安全性和稳定性等同于工业生产的安全性和稳定性。工业网络类似于传统的计算机网络,网络的软硬件安全性和稳定性决定了工业生产是否能够进行。在工业网络中,网络设备的工作状态、网络系统访问权限及整体网络传输的速率,都是工业网络安全性和稳定性的决定因素,也是常见故障发生的点。在本任务中,重点从三个维度——网络连通性故障、访问权限故障、网速稳定性故障来阐述故障的产生的原因,以及解决办法,分类进行详细阐述,最终让同学们理解并掌握本任务的学习重点和目标。

知识精讲

5.4 网络连通性故障解析

网络是由多种有特定功能的计算机集合及通信设施组成的系统,即利用各种通信手段,把地理上分散的计算机连在一起,达到相互通信,并且共享软件、硬件和数据等资源的系统。计算机网络按其计算机分布范围,通常被分为局域网和广域网。局域网覆盖地理范围较小,一般在数米到数十千米之间。计算机网络的发展,导致网络之间形成各种形式的连接。采用统一协议实现不同网络的互联,使互联网络很容易得到扩展。因特网采用 TCP/IP 协议作为通信协议,将世界范围内计算机网络连接在一起,成为当今世界最大的和最流行的国际性网络。

5.4.1 网络故障的分类

虽然有各式各样的网络故障,但所有的故障总体可分为物理故障与逻辑故障,也就是通常所说的硬件故障与软件故障。硬件故障有网卡、网线、交换机、路由器等。软件故障中最常见的情况就是网络协议问题或因为网络设备的配置原因而导致的网络异常或故障。

5.4.2 网络故障判断步骤

首先要检查网卡是否正常;连接计算机与其他网络设备的跳线、网线是否畅通。网络连线的故障通常包括网络线内部断裂及双绞线、RJ-45 水晶头接触不良。可用测线器检测两边的 RJ-45 头是否插好、信息插座是否有故障。

虽然故障原因多种多样,但总的来讲不外乎硬件问题和软件问题,说得再确切一些,这些问题就是网络连接性问题、配置文件和选项问题。

1. 网络连接性

网络连接性是故障发生后首先应当考虑的原因。连通性的问题通常涉及网卡、跳线、信息插座、网线、交换机、路由器等设备和通信介质。其中,任何一个设备的损坏,都会导致网络连接的中断。连通性通常可采用软件和硬件工具进行测试验证。排除了由于电脑网络协议配置不当而导致故障的可能后,就应该查看网卡和交换机的指示灯是否正常,检测网线是否畅通。

工业网络常见故障解析(1)

2. 配置文件和选项

服务器、电脑都有配置选项,配置文件和配置选项设置不当,同样会导致网络故障。如服务器权限设置不当,会导致资源无法共享的故障;电脑网卡配置不当,会导致无法连接的故障。当网络内所有的服务都无法实现时,应当检查交换机。网络诊断可以使用包括局域网或广域网分析仪在内的多种工具:路由器诊断命令;网络管理工具和其他故障诊断工具。Cisco 提供的工具足以胜任排除绝大多数网络故障。查看路由表,是解决网络故障开始的好地方。ICMP 的 ping、tracert 命令和 Cisco 的 show 命令、debug 命令是获取故障诊断有用信息的网络工具。我们通常使用一个或多个命令收集相应的信息,在给定情况下,确定使用什么命令获取所需的信息。另外,show buffer 命令提供定期显示缓冲区大小、用途及使用状况等。show proc 命令和 show proc mem 命令可用于跟踪处理器和内存的使用情况。可以定期收集这些数据，当故障出现时，用于诊断参考。

5.4.3 解决网络故障的方法

1. 物理层及其诊断

物理层是 OSI 分层结构体系中最基础的一层，它建立在通信媒体的基础上，是实现系统和通信媒体的物理接口，为数据链路实体之间进行透明传输，为建立、保持和拆除计算机和网络之间的物理连接提供服务。

物理层的故障主要表现在设备的物理连接方式是否恰当；连接电缆是否正确；路由器、CSU/DSU 等设备的配置及操作是否正确。确定路由器端口物理连接是否完好的最佳方法是，使用 show interface 命令检查每个端口的状态，解释屏幕输出信息，查看端口状态、协议建立状态和 EIA 状态。

2. 数据链路层及其诊断

数据链路层的主要任务是使网络层无须了解物理层的特征而获得可靠的传输。数据链路层为通过链路层的数据进行打包和解包、差错检测和校正，并协调共享介质。在数据链路层交换数据之前，协议关注的是形成帧和同步设备。

3. 硬件诊断

（1）串口故障排除

串口出现连通性问题时，为了排除串口故障，一般是从 show interface serial 命令开始，分析它的屏幕输出报告内容，找出问题所在。接口和线路协议的可能组合有以下几种：

①串口运行、线路协议运行，这是完全的工作条件。该串口和线路协议已经初始化，并正在交换协议的存活信息。

②串口运行、线路协议关闭，这个显示说明路由器与提供载波检测信号的设备连接，表明载波信号出现在本地和远程的调制解调器之间，但没有正确交换连接两端的协议存活信息。

③串口和线路协议都关闭，可能是电信部门的线路故障、电缆故障或者是调制解调器故障。

④串口管理性关闭和线路协议关闭，这种情况是在接口配置中输入了 shutdown 命令。通过输入 no shutdown 命令，打开管理性关闭。

（2）以太接口故障排除

以太接口的典型故障问题是：带宽的过分利用；碰撞冲突次数频繁；使用不兼容的帧类型。使用 show interface ethernet 命令可以查看该接口的吞吐量、碰撞冲突、信息包丢失和帧类型有关的内容等。

①通过查看接口的吞吐量，可以检测网络的利用情况。互联网发生这种情况可以采用优化接口的措施，即在以太接口使用 no iproute-cache 命令，禁用快速转换，并且调整缓冲区和保持队列。

②两个接口试图同时传输信息包到以太电缆上时，将发生碰撞。以太网要求冲突次数很少，不同的网络要求是不同的，一般情况下，每秒发现冲突 3~5 次就应该查找冲突的原因了。碰撞冲突产生拥塞，碰撞冲突的原因通常是由于敷设的电缆过长、过分利用或者

"聋"节点。

4. 网络安全

目前,防火墙有两个关键技术:一是包过滤技术,二是代理服务技术。

(1) 包过滤技术

包过滤技术主要是基于路由的技术,即依据静态或动态的过滤逻辑,在对数据包进行转发前,根据数据包的目的地址、源地址及端口号对数据包进行过滤。包过滤不能对数据包中的用户信息和文件信息进行识别,只能对整个网络提供保护。

(2) 代理服务技术

代理服务又称为应用级防火墙、代理防火墙或应用网关,一般针对某一特定的应用来使用特定的代理模块。代理服务由用户端的代理客户和防火墙端的代理服务器两部分组成,其不仅能理解数据包头的信息,还能理解应用信息本身的内容。当一个远程用户连接到某个运行代理服务的网络时,防火墙端的代理服务器即进行连接,IP 报文不再向前转发而进入内网。

5.5 访问权限类故障解析

在工业网络中,常见的访问权限类故障有服务器资源访问权限共享故障、共享文件夹访问故障,以及设备共享上网权限故障。

1. 无法将访问权限指定给用户

【故障现象】

整个网络使用的是 Windows 域,客户端是 Windows 2008 Professional。服务器的 IP 设置为 192.168.0.1,DNS 是 127.0.0.1,路由器的内部 IP 地址是 192.168.0.1。客户端全部采用自动获取 IP 地址方式,并且同属于 DomainUser 组。在服务器设置共享文件的时候,虽然可以指定权限,但是无法访问,如图 5 – 2 所示。

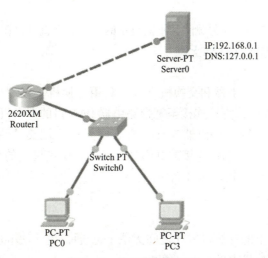

工业网络常见故障解析(2)

图 5 – 2 故障拓扑图示例

【故障分析】

在 Windows 域中，都是使用 NTFS 权限和共享权限来设置共享文件夹的访问权限的。不过 NTFS 权限高于共享文件夹权限，也就是说，必须先为预设置为共享的文件夹设置 NTFS 权限，然后再为其设置共享文件夹权限。如果两者发生冲突，那么将以 NTFS 权限为准。

【故障解决】

先为用户指定 NTFS 权限，然后再指定共享文件夹权限。例如，需要给用户 A 创建一个共享文件夹 TESTA，使该共享文件夹能够被用户 A 完全控制，而被其他任何用户访问，就要先设置 TESTA 的访问权限，为用户 A 指定"完全控制"权限，而为 Everyone 设置"只读"权限。同样，在设置共享文件夹权限时，也要这样设置。

2. 共享文件夹无法显示在"网上邻居"中

【故障现象】

已经共享了某些文件夹，然而在"网上邻居"中无法查看，但是同一计算机的有些共享文件又能够看见。

【故障分析】

既然有些共享文件夹可以看见，说明该计算机的网络配置和连接基本正常。而且这其实并非一个故障，而是属于共享属性的一种配置类型。在 Windows 系统中，共享文件类型主要有两种：一种是供系统调用的；另一种是供其他用户访问的。供系统调用的共享文件是不在"网上邻居"中出现的，但是可以用诸如"Net View"之类的命令显示；供其他用户访问的共享文件是可以在"网上邻居"中看见的。

那么如何配置不可见的共享文件夹呢？只需在共享文件夹名后面加上一个美元符号"$"即可。例如，在 Windows Server 2003 系统中，为各用户自动创建的文件夹就是这样一个共享类型文件夹，每个用户只能看见自己的用户文件夹，而无法看见别人的用户文件夹。还有一些磁盘，在 Windows Server 2003 中，安装后就把这些磁盘共享了，但是它们的共享文件名后都有一个"$"符号，所以客户端用户是无法看见的。

【故障解决】

将共享文件名后的"$"符号删除，不能显示的共享文件就可以在"网上邻居"中出现了。

3. 交换机和路由器无法共享上网

【故障现象】

多台计算机采用宽带路由器和交换机方式，利用交换机扩展端口组网共享 Internet，如图 5-3 所示。连接完成后，直接连接至宽带路由器 LAN 口的 1 台机器能上网，而通过交换机连接的计算机却无法上网，路由器与交换机之间无论采用交叉线还是平行线，都不行，并且交换机上与路由器 LAN 端口连接的灯不亮。另外，交换机上的计算机无法 ping 通路由器，也无法 ping 通其他计算机，是什么原因？

【故障分析】

①交换机自身故障。

故障现象是交换机上的计算机彼此之间无法 ping 通，更无法 ping 通路由器。该故障所影响的只能是连接至交换机上的所有计算机。

②级联故障。

例如，路由器与交换机之间的级联跳线采用了不正确的线序，或者是跳线连通性故障，

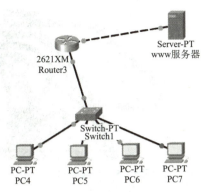

图 5-3　故障拓扑图示例

或者是采用了不正确的级联端口。故障现象是交换机上的计算机之间可以 ping 通，但无法 ping 通路由器。不过，直接连接至路由器 LAN 端口的计算机的 Internet 接入将不受影响。

③宽带路由器故障。

如果是 LAN 端口故障，结果将与级联故障类似；如果是路由故障，结果将是网络内的计算机都无法接入 Internet，无论是连接至路由器的 LAN 端口，还是连接至路由器。

【故障解决】

从故障现象上来看，连接至交换机的计算机既无法 ping 通路由器，也无法 ping 通其他计算机，初步断定应该是计算机至交换机之间的连接故障。此时可以先更换一根网线试试，如果依然无法排除故障，则可以更换交换机解决。

5.6　网速稳定性故障解析

在日常工业生产运营中，工作人员使用电脑的时候，发现 Windows 系统网络不稳定，想知道为什么会出现这种情况，又该如何解决网速不稳定问题吗？其实，出现这种情况有可能是系统问题，也有可能是路由器的问题。下面从网速不稳定的原因及解决方法来阐述。

原因 1：网络服务器问题

比如用的是移动网络，如图 5-4 所示，当移动运营商网络不稳定的时候，用户的网络自然也会不稳定，这个是没办法设置的。

图 5-4　运营商

解决方法：

建议向运营商求助，解决网络不稳定问题。

原因 2：网线问题

联网的网线发生了故障，比如说网线连接的时候没有使用标准接线，这种线有 4 条分线，都必须一一结对才能保障网络数据的稳定，如果没有，就可能出现网络不稳定的现象。

解决方法：

检查网线是否出现破损，如图 5-5 所示，及时更换网线，注意检查网线连接。

图 5-5 网线破损

> **想一想**
>
> 当下的企业网络运维是保障企业正常生产和运营的保障，硬件是企业的财产和国家的财产，作为运维工作人员，我们要恪守职业道德，保障网络硬件资源的稳定性和可用性。

原因 3：路由器问题

运营商和网线都没有问题，那么可能路由器的设置问题导致网络不稳定。

解决方法：

可以重启或重设路由器、检查接口有没有松动或者接触不良的情况，如图 5-6 所示。

图 5-6 线缆接口松动

原因 4：网卡问题

网卡通常是 PCI 卡或板载卡，如图 5-7 所示，如果质量不好，可能造成上网不稳定现象。另外，网卡附近如果有其他电器干扰，比如空调、冰箱等，也会出现网络不稳定的现象。

解决方法：

检查网卡是否有质量问题，另外，让路由器远离其他电器，避免干扰。

图 5-7 网卡

原因 5：网络宽带问题

多台电脑共用一个网络时，如果其中一台电脑在高速下载数据，那么其他电脑就会出现网络不稳定的情况，特别是电脑宽带相对较小的情况。

解决方法：

提高电脑宽带或者进行电脑网络限速设置，如图 5-8 所示。

图 5-8　网络限速

原因 6：电脑病毒问题

电脑感染木马或病毒时，也会出现运行缓慢、网络不稳定等情况。

解决方法：

可以杀毒及安装网络测速的实时监控工具，从而最大限度地发现问题并解决问题。

任务实施

根据上面常见故障中电脑病毒情况，请用自己的电脑进行相关的设置来达到防范病毒入侵的目的。

参考方法：

方法一：

①右击桌面上的"此电脑"，选择"管理"，如图 5-9 所示。

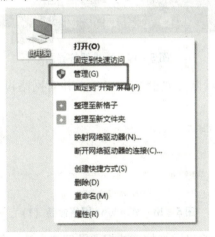

图 5-9　管理配置

②选择"设备管理器",在"设备管理器"界面中,展开"网络适配器"列表,从中找到无法正常联网的网卡设备,右击并选择"属性"项,如图5-10所示。

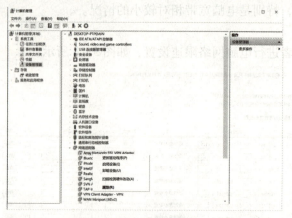

图 5-10　设备管理器界面

③在"网卡属性"窗口中,切换到"电源管理"选项卡,取消勾选"允许计算机关闭此设备以节约电源"项,单击"确定"按钮完成设置,如图5-11所示。

图 5-11　电源管理界面

方法二:
①右击任务栏右下角的网络连接,在右键菜单选择"疑难解答",如图5-12所示。

图 5-12　疑难解答界面

②之后,Windows 网络诊断工具会自动启动,并对网络设置及参数进行全面的诊断,如图 5-13 所示。

图 5-13　Windows 网络诊断(1)

③诊断完成后,将自动给出网络故障的根源及解决办法,如图5-14所示。

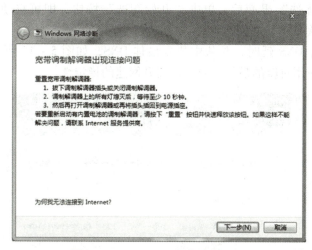

图 5-14　Windows 网络诊断（2）

④单击"下一步"按钮，即可根据"已找到问题"来尝试进行修复操作，如图 5-15 所示。

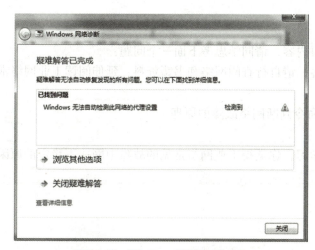

图 5-15　Windows 网络诊断（3）

方法三：

①在"360 安全卫士"更多功能列表中找到"DNS 优选"项进入，如图 5-16 所示。

图 5-16　360 安全卫士

②打开"DNS 优选"界面后,单击"开始筛选"按钮,即可自动判断"本地 DNS""360DNS"及"谷歌 DNS"之间的延时。

③最后,根据各 DNS 延时,并从中找到最佳 DNS,如图 5-17 所示,单击"立即启用"按钮即可开启使用对应的最佳 DNS,以提升网速的稳定性。

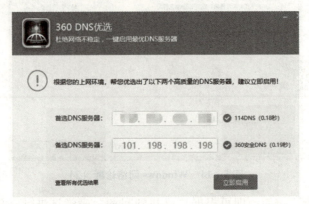

图 5-17　DNS 设置

小试牛刀

针对本节的学习内容,请同学思考下面三个问题:

①结合本节内容,请自行查阅网络和书籍资料,延伸阅读工业网络常见故障。

②请解析 ping 命令判断网络故障的原理。

③通过本节的学习,你觉得工业网络常见的故障中网速不稳定的原因还有哪些?

大显身手

一、选择题

1. 网速过慢,除了(　　),其他都是可能的原因。

A. 电脑中毒了　　B. DNS 解析错误　　C. 上网的人数过多　　D. 软件限制

2. 防火墙有两个关键技术:(　　)。

A. 包过滤技术　　B. 隧道技术　　C. 代理服务器技术　　D. 穿透技术

3. 双绞线故障可能产生的问题有(　　)。(多选)

A. 近端串扰未通过、衰减未通过　　B. 接线图未通过

C. 长度未通过　　D. 粗细没通过

4. 浏览一些站点时,出现的全是乱码的原因是(　　)。

A. 该站点有故障　　B. 该站点加密了

C. 浏览器故障　　D. 该故障属于编码问题

5. 下列(　　)命令能查出路由器的内存大小。

A. display ip　　B. display version　　C. display interface　　D. display ip routing

二、问答题

1. 怎么判断网卡是否有故障？请简述。

2. 连接路由器后不能上网，请简述可能的情况。